Duscha / Hertle (Hrsg.)
Energiemanagement für öffentliche Gebäude
Organisation, Umsetzung und Finanzierung

Markus Duscha / Hans Hertle (Hrsg.)

Energiemanagement für öffentliche Gebäude

Organisation, Umsetzung und Finanzierung

2., überarbeitete Auflage

 C.F. Müller Verlag, Heidelberg

Dipl.-Ing. Markus Duscha, geb. 1964, arbeitet seit 1991 als wissenschaftlicher Mitarbeiter am ifeu-Institut für Energie- und Umweltforschung Heidelberg GmbH.

Dipl.-Ing. (FH) Hans Hertle, geb. 1954, ist seit 1989 Leiter des Fachbereichs Energie am ifeu-Institut für Energie- und Umweltforschung Heidelberg GmbH.

Die Autoren wurden bei der Erarbeitung der Texte durch den ifeu-Verein für Energie- und Umweltfragen Heidelberg e.V., Wilckensstraße 3, D-69120 Heidelberg, unterstützt.

Alle in diesem Buch enthaltenen Angaben, Daten, Ergebnisse usw. wurden von den Autoren nach bestem Wissen erstellt und von ihnen und dem Verlag mit größtmöglicher Sorgfalt überprüft. Dennoch sind inhaltliche Fehler nicht völlig auszuschließen. Daher erfolgen die Angaben usw. ohne jegliche Verpflichtung oder Garantie des Verlags oder der Autoren. Sie übernehmen deshalb keinerlei Verantwortung und Haftung für etwa vorhandene inhaltliche Unrichtigkeiten.

Die Deutsche Bibliothek – CIP-Einheitsaufnahme

Energiemanagement für öffentliche Gebäude :
Organisation, Umsetzung und Finanzierung / Markus Duscha ; Hans Hertle (Hrsg.). –
2., überarb. Aufl. – Heidelberg : Müller, 1999
ISBN 3-7880-7617-8

Dieses Werk einschließlich aller seiner Teile ist urheberrechtlich geschützt. Jede Verwertung außerhalb der engen Grenzen des Urheberrechtsgesetzes ist ohne Zustimmung des Verlags unzulässig und strafbar. Dies gilt insbesondere für Vervielfältigungen, Übersetzungen, Mikroverfilmungen und die Einspeicherung und Verarbeitung in elektronischen Systemen.

2. Auflage 1999
© C. F. Müller Verlag, Hüthig GmbH, Heidelberg
Druck: Druckerei Lokay, Reinheim

ISBN 3-7880-7617-8

Vorwort der Bundesvereinigung der kommunalen Spitzenverbände

Die Energieerzeugung und -verwendung ist eine der Hauptquellen der heutigen Umweltbelastung. Wenn man also einen wirkungsvollen Beitrag zur Reduzierung dieser Belastung leisten will, so muß man hier ansetzen. Und es ist inzwischen bekannt, daß man damit nicht nur einen ökologischen, sondern auch einen erheblichen ökonomischen Nutzen erzielen kann.

Viele Städte und Gemeinden haben inzwischen bewiesen, wie groß dieser doppelte Nutzen sein kann. Aufbauend auf den traditionellen Energieversorgungskonzepten werden immer mehr integrierte Energie- und Klimaschutzkonzepte vor Ort in einem globalen Bewußtsein erstellt, die auch der kommunalen Kasse guttun. Dabei übt die Kommune auch eine Vorbildfunktion für den privaten und unternehmerischen Bereich aus. Energiemanagement im Bereich der kommunalen Liegenschaften strahlt auch in die privaten Haushalte, in den örtlichen Dienstleistungssektor, das Gewerbe und die Industrie aus.

Der Deutsche Städtetag, der Deutsche Städte- und Gemeindebund und der Deutsche Landkreistag als die Bundesvereinigung der kommunalen Spitzenverbände begrüßen es deshalb sehr, wenn in diesem wichtigen Teilbereich, nämlich dem Energiemanagement für öffentliche Gebäude, durch die vorliegende Veröffentlichung und Darstellung von „best practice" Anregung und Einstieg in ein kommunales Energiemanagement gegeben wird. Denn eines muß immer wieder gesagt werden: Das Rad muß nicht in jeder Stadt, jeder Gemeinde neu erfunden werden. Es gilt, aus den guten Erfahrungen anderer zu lernen und den erprobten Ansatz durch eigenes Zutun weiterzuentwickeln.

Bundesvereinigung der kommunalen Spitzenverbände
Jörg Hennerkes
Beigeordneter des Deutschen Städtetages
Dezernent für Umwelt, Wirtschaft und Technik

Vorwort der Herausgeber

Die Idee zu diesem Buch entstand, als wir[1] im Auftrag der Energieagentur Nordrhein-Westfalen einen Fortbildungskurs „Energiemanagement für öffentliche Gebäude" entwickelten. Auf der Suche nach grundlegender sowie weiterführender Literatur zu diesem Thema fanden sich damals fast ausschließlich weitverstreute, einzelne Artikel und Beiträge. Die für den Kurs schließlich zusammengestellten Teilnehmerunterlagen bündelten dann die Erfahrungen unserer täglichen Beratungsarbeit mit öffentlichen Verwaltungen und die Ergebnisse der Literaturrecherche.

Um nicht auf halben Wege stehen zu bleiben, entschlossen wir uns, die Erkenntnisse aus diesem Projekt, inhaltlich wesentlich erweitert und aufbereitet, als Buch der breiten Öffentlichkeit zur Verfügung zu stellen. Zur inhaltlichen Erweiterung beigetragen haben darüber hinaus engagierte Personen, die wir um Artikel für dieses Buch gebeten hatten. Sie berichten aus der Verwaltungsperspektive über ihre jeweiligen Erfahrungen. An dieser Stelle möchten wir ihnen für ihre Unterstützung herzlich danken. Wir danken zudem Marion Duscha, Walter Orlik und Reinhard Six, die mit ihren kritischen Anmerkungen wertvolle Anregungen lieferten. Weiterer Dank gebührt Lothar Eisenmann, Christine Bier und Thomas Alt, die uns bei der Gestaltung des Buches halfen, sowie dem ifeu-Verein für Energie- und Umweltfragen, der dieses Projekt ideell und finanziell unterstützte.

Wir hoffen, daß das Buch dazu beiträgt, die vielfach noch ungenutzten Möglichkeiten zur rationellen Energieanwendung, Umweltentlastung und Kostenersparnis auszuschöpfen. Über Rückmeldungen der Leserinnen und Leser würden wir uns freuen.

Heidelberg, im Januar 1999

Markus Duscha, Hans Hertle

---

[1] als Mitarbeiter des ifeu-Instituts für Energie- und Umweltforschung Heidelberg GmbH, Wilckensstraße 3, D-69120 Heidelberg
gemeinsam mit ufit/Tübingen und remember/Aachen.

Inhaltsverzeichnis

1 **Einführung** 5
  (Markus Duscha)

TEIL I: GRUNDLAGEN

2 **Energiesparmaßnahmen konkret: Die Einsteinschule** 17
  (Hans Hertle)

3 **Aufgaben des Energiemanagements** 33
  (Markus Duscha)
3.1 Verbrauchskontrolle 34
3.2 Gebäudeanalyse 42
3.3 Planung von Einsparmaßnahmen 52
3.4 Betriebsführung von Anlagen 56
3.5 Energiebeschaffung 60
3.6 Nutzungsoptimierung 61
3.7 Begleitung investiver Maßnahmen 63
3.8 Kommunikation 65

4 **Hilfsmittel und Methoden zur Unterstützung der Aufgaben** 71
  (Markus Duscha, Hans Hertle)
4.1 EDV-Einsatz 71
4.2 Meßmittel und Informationsquellen 74
4.3 Wirtschaftlichkeitsberechnung 76
4.4 Emissionsberechnung 82

5 **Organisatorische Grundlagen** 87
  (Markus Duscha)
5.1 Koordination: Der Energiebeauftragte 87
5.2 Aufgabenverteilung und Zuständigkeiten 90
5.3 Dienst-/Arbeitsanweisung „Energie" 92
5.4 Auslagerung von Teilaufgaben des Energiemanagements 93
5.5 Personal- und Finanzmitteleinsatz 93
5.6 Daueraufgabe Energiemanagement 97

6	**Wie wichtig sind Ziele im Energiemanagement?**	**99**
	(Markus Duscha)	
6.1	Integration des Energiemanagements in die übergeordneten Ziele der Verwaltung	100
6.2	Ableitung von Entscheidungskriterien	102
6.3	Ziel erreicht? – Überprüfbarkeit von Zielen	105
7	**Einführungsstrategie für das Energiemanagement**	**109**
	(Markus Duscha)	

TEIL II: ERFAHRUNGEN UND BEISPIELE

8	**Kommunales Energiemanagement in Deutschland: Bundesweite Umfrage unter Städten von 20.000 bis 100.000 Einwohnern**	**117**
	(Dr. Gottfried Römer)	
9	**Beispielhafte kleine und mittlere Kommunen**	**127**
	(Thomas Alt und Markus Duscha)	
9.1	Neukirchen-Vluyn	127
9.2	Gladbeck	133
9.3	Fazit	139
10	**Kommunales Energiemanagement in Stuttgart**	**141**
	(Dr. Volker Kienzlen)	
11	**Kommunale Verwaltungsreform: Auswirkung auf das Energiemanagement in der Stadt Wuppertal**	**153**
	(Christian Gleim)	
11.1	Verwaltungsreform in Wuppertal	153
11.2	Umweltschutz als Gemeinschaftsaufgabe	156
11.3	Energiemanagement städtischer Gebäude – ein Schwerpunkt	161
11.4	Fazit	170

TEIL III: FINANZIERUNG

12 Grundlegende Probleme und Lösungsansätze der Finanzierung im Energiemanagement 173
(Doreen Kellermann-Peter)

13 Stadtinternes Contracting in Stuttgart 187
(Dr. Volker Kienzlen)

14 „Unechte" Privatisierung – Energiedienstleistungszentrum Rheingau-Taunus GmbH 197
(Ulrich Schäfer)

Die Autoren 203

Quellenangaben 206

Sachwortverzeichnis 210

Anhang: Arbeitshilfen 215
  Checklisten und Formulare
    Checkliste Energiemanagement 215
    Begehungscheckliste 218
    Erfassungsformulare Zählerstände 222
  Berechnungshilfen und Anhaltspunkte
    Einsparpotentiale und Kosten technischer Maßnahmen 224
    Wirtschaftlichkeitsberechnung mit Beispielen 225
    Heizwerte 228
    Witterungsbereinigung 229
    Energieverbrauchskennwerte 231
    Emissionsberechnung 232
  Hilfen für Energieberichte und Dienstanweisungen
    Inhaltsverzeichnis Dienstanweisung Energie 234
    Vorgaben für Raumtemperaturen 236
    Inhaltsverzeichnis Energiebericht 237
  Literatur und Institutionen
    Weiterführende Literatur 238
    Energieagenturen und weitere Institutionen 241

1 Einführung

Markus Duscha, Heidelberg

Ökonomie und Ökologie lassen sich miteinander vereinen. Dies läßt sich nirgendwo deutlicher aufzeigen als durch die Energieeinsparungen, die einige Verwaltungen an den von ihnen betreuten öffentlichen Gebäuden bisher erreicht haben (z. B. Kommunal-, Landes-, Universitäts- und kirchliche Verwaltungen).

Einerseits konnten durch die Energieeinsparungen deutliche Kostensenkungen erreicht werden. Diese Entlastungen sind gerade heute, in Zeiten knapper Kassen und eines großen Sparzwangs in vielen öffentlichen Haushalten, von größter Bedeutung. Andererseits wurden zugleich Umweltbelastungen reduziert. Der verringerte Energieverbrauch führte zu verminderten Emissionen von Schadstoffen aus den Schornsteinen von öffentlichen Gebäuden und Kraftwerken.

Der Schlüssel für diese Erfolge liegt in der Koordination und Zusammenführung einer Vielzahl von Aufgaben in den jeweiligen Verwaltungen. Hierzu gehören z. B. Energieverbrauchskontrolle, Gebäudeanalysen, Prüfung von Versorgungsverträgen, Schulung von Hausmeistern, Kontrolle von Regeleinrichtungen etc. Dieser Schlüssel hat einen Namen: **Energiemanagement**.

In dieser **Einführung** finden Sie Antworten auf folgende Fragen:

1. Für welche Gebäude und für welche Verwaltungen lohnt sich ein Energiemanagement?
2. Welche Energieeinsparungen und damit auch Umweltentlastungen lassen sich erreichen?
3. Wie groß sind die erzielbaren finanziellen Einsparungen?
4. Warum ist dafür ein „Management" nötig? Reicht dazu nicht einfach der Einbau neuer Heizungsanlagen?
5. Was ist Energiemanagement? Wer ist der Energiebeauftragte?
6. Welche Informationen und Hilfen finde ich in diesem Buch?

1. Für welche Gebäude und für welche Verwaltungen lohnt sich ein Energiemanagement?

Umweltschutz und Energiekosten spielten in den zurückliegenden Jahrzehnten, in denen der größte Teil aller Gebäude in Deutschland errichtet wurde, keine oder nur eine untergeordnete Rolle. Dies änderte sich erst langsam seit Beginn der ersten Ölkrise Anfang der 70'er Jahre. Aber selbst dieser Einschnitt sowie das verstärkte Umweltbewußtsein der 80'er Jahre führten lediglich zu ersten Ansätzen eines effizienten Energieeinsatzes. Weiterhin bleiben der tägliche Umgang mit Heizungsanlagen, die gesetzlichen Vorschriften, die Ausbildung, die Baupraxis etc. weit hinter den wirtschaftlich sinnvollen Möglichkeiten zurück. Bis heute wirken jene Gewohnheiten und Strukturen noch zu stark, die in den Jahren der billigen Energie und des geringen Umweltbewußtseins geprägt wurden.

Für öffentliche Gebäude und die sie betreuenden Verwaltungen gelten diese Aussagen ebenso. In **Schulen, Kindergärten, Verwaltungen, Veranstaltungshallen, Sporthallen, Hochschulgebäuden, Feuerwehren, Schwimmbädern, Krankenhäusern, Betriebsgebäuden, Kirchen, öffentlichen Toiletten, Museen, Bibliotheken, etc.** schlummern aus diesem Grund hohe Potentiale zur Energie- und Kosteneinsparung. Dies läßt sich, wie die Erfahrungen zeigen, nahezu pauschal sagen, wenn sich in den zuständigen Verwaltungen bisher keine Stelle koordinierend um Energiefragen gekümmert hat, es also noch kein Energiemanagement gibt. Deshalb ist **die Einführung des Energiemangements für alle Verwaltungen interessant, die oben aufgeführte Arten von Gebäuden betreuen** und für die Energiekosten aufkommen müssen.

In diesem Buch wird das **Energiemanagement am Beispiel von *kommunalen* Verwaltungen und Gebäuden** erläutert. Dies hat seinen Grund darin, daß einerseits besonders in kleinen und mittleren Städten noch ein enormer Handlungsbedarf besteht. Andererseits sind hier schon reichlich positive Beispiele und Erfahrungen vorhanden, die motivieren und aus denen gelernt werden kann.

Die meisten Aussagen und Anregungen lassen sich jedoch **ohne weiteres auf andere Verwaltungen übertragen**. Auch bei kirchlich verwalteten Gebäuden (Kindergärten, Krankenhäusern, Kirchen etc.) sowie Häusern der Hochschul-, Kreis- und Länderverwaltungen sind ähnliche Probleme aber auch Chancen vorhanden.

Welche Änderungen und Aufgaben innerhalb der Verwaltung für ein erfolgreiches Energiemanagement durchgeführt werden müssen, wird in TEIL I dieses Buches beschrieben.

2. **Welche Energieeinsparungen und damit auch Umweltentlastungen lassen sich erreichen?**

Einigen Verwaltungen ist es in den letzten Jahren gelungen, den Energieverbrauch der von ihnen betreuten öffentlichen Gebäude deutlich zu senken. Bei der **Heizenergie (für Raumwärme und Warmwasser)** erreichten kleine und mittlere Kommunen durch Aktivitäten des Energiemanagements im Durchschnitt eine Einsparung von 23% (s. Kap. 8 dieses Buches). Durch organisatorische und technische Maßnahmen haben zum Beispiel die in der Abb. 1-1 aufgeführten Kommunen Heizenergieeinsparungen bis zu 45% erzielt.

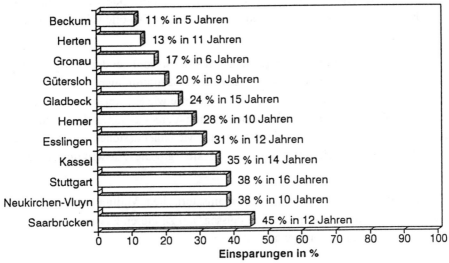

Abb. 1-1: Erreichte Heizenergieeinsparungen ausgewählter Kommunen; Quelle: Energieberichte der Kommunen

In Abb. 1-1 ist zudem ersichtlich, seit wie vielen Jahren ein Energiemanagement in den jeweiligen Kommunen existiert. Es ist die Tendenz zu erkennen, daß Kommunen mit einer mehr als 10jährigen Aktivität mehr eingespart haben als

Städte mit einer geringeren Dauer. In einer früheren Untersuchung, die alle Städte der alten Bundesrepublik umfaßte, wurde dieser Zusammenhang allgemein konstatiert: **Je länger die Dauer des Energiemanagements, desto höhere prozentuale Heizenergieeinsparungen konnten durchschnittlich nachgewiesen werden** /BINE 1991/. Innerhalb der ersten zwei bis drei Jahre sind im Raumwärmebereich häufig Erfolge von mehr als 10% Einsparung zu verzeichnen. Diese werden hauptsächlich durch Optimierung der Regelungen, angepaßte Raumtemperaturen sowie Schulung von Hausmeistern erreicht; also ohne große Investitionen zu tätigen. Wie die zeitliche Entwicklung der Energieeinsparungen bei einzelnen Verwaltungen konkret aussieht, läßt sich in TEIL II des Buches an den dort aufgeführten Beispielen erkennen.

Beim **Stromeinsatz** (z.B. für Beleuchtung, Lüftungsanlagen, Heizungspumpen, etc.) gibt es bisher deutlich weniger Aktivitäten. Trotzdem können kleine und mittlere aktive Kommunen auch hier schon durchschnittliche Einsparungen von etwa 12% vorzeigen (s. Kap. 8 dieses Buches). Modellprojekte weisen jedoch auf typische erreichbare Stromeinsparquoten von etwa 30% bei öffentlichen Gebäuden hin /HMUEB 1994b/.

Die erreichten **Umweltentlastungen** liegen hierbei sowohl bei der Heizenergie als auch beim Strom mindestens in den gleichen Größenordnungen wie die jeweiligen Energieeinsparquoten. Dies betrifft Schadstoffe wie Schwefeldioxid, Stickoxide und Staub, durch deren Emissionsminderung Verbesserungen der Luftqualität erzielt wurden. Aber auch Kohlendioxid und Methanemissionen gingen zurück, die als Hauptverursacher des Treibhauseffektes globale Auswirkungen zeigen (vgl. Kap. 4.4).

Welche Arten von technischen und organisatorischen **Maßnahmen an einem Gebäude** selbst durchgeführt werden müssen, um zu diesen Einsparungen zu gelangen, wird in Kap. 2 beispielhaft dargelegt.

3. Wie groß sind die erzielbaren finanziellen Einsparungen?

Obwohl die **Energiekosten** in Kommunen nur 1 bis 3% des Verwaltungshaushalts ausmachen /Alt 1995/, sind die absoluten Beträge nicht zu vernachlässigen: Umgerechnet auf jeden Einwohner liegen sie in den alten Bundesländern im Durchschnitt bei etwa 60 DM pro Einwohner und Jahr. Etwa die Hälfte davon entfällt auf die Brennstoffkosten für die Heizung, der Rest auf die Stromkosten /Alt 1995/, /BINE 1991/. Eine Stadt mit 20.000 Einwohnern hätte demnach Energiekosten von 1,2 Mio. DM jährlich, eine Stadt mit 100.000 Einwohnern 6 Mio. DM. In den neuen Bundesländern belaufen sich die Kosten aufgrund schlechterer Ausgangsbedingungen typischerweise auf noch höhere Beträge /Wagener-Lohse & Schreyer 1994/.

Die einwohnerbezogenen Energiekosten variieren zwischen den Kommunen von etwa 30 bis über 90 DM (für die alten Bundesländer, vgl. /Alt 1995/). Allein hieraus läßt sich erahnen, welche **finanziellen Einsparpotentiale** in manchen Städten schlummern. Legt man für eine überschlägige Berechnung des finanziellen Einsparpotentials die durchschnittlich erreichten Energieeinsparungen (s.o.) und die durchschnittlichen Energiekosten zugrunde, ergeben sich **etwa 10 DM Energiekosten pro Einwohner, die sich durch das Energiemanagement einsparen ließen**[1]. Bei einer Stadt von 20.000 Einwohnern sind das immerhin 200.000 DM pro Jahr, bei 100.000 Einwohnern etwa 1 Mio. DM! Bei diesen Durchschnittswerten sind sicherlich noch nicht einmal alle vorhandenen Einsparpotentiale ausgeschöpft.

Tatsächlich gaben in einer bundesweiten Umfrage Städte zwischen 20.000 und 100.000 Einwohnern durchschnittliche finanzielle Haushaltsentlastungen von jährlich etwa 650.000 DM an, die durch Aktivitäten im Energiemanagement bisher erreicht wurden (s. Kap. 8 dieses Buches).

Natürlich lassen sich diese Erfolge nicht ohne einen gewissen **Mehraufwand beim Personal und den Investitionskosten** erreichen. Aufgrund der Wirtschaftlichkeit der Energiesparmaßnahmen können diese Aufwendungen jedoch deutlich

---

[1] Heizenergie: 23% Einsparung bei etwa 30 DM/Einwohner; Strom: 12% Einsparung bei etwa 30 DM/Einwohner

überkompensiert werden. Die Energiekosteneinsparung liegt 2 bis 5 mal so hoch wie der dazu nötige Aufwand für ein effizientes Energiemanagement (vgl. Kap. 5.5 zu Angaben über den nötigen Personal- und Finanzmitteleinsatz).

4. Warum ist dafür ein „Management" nötig? Reicht dazu nicht einfach der Einbau neuer Heizungsanlagen?

Energierelevante Einflußfaktoren und Informationen sind bisher in den Verwaltungen über sehr viele Ämter und Personen verteilt. Zudem erschweren vorhandene Haushaltsstrukturen sowie eine nicht ausreichende Qualifikation und Fortbildung sinnvolle Maßnahmen. Drei Beispiele sollen diese Probleme verdeutlichen:

- *Die örtliche Volkshochschule beansprucht in einer Schule einen Teil der Klassenräume. Durch ein neues Volkshochschulprogramm ändern sich nun die Belegungspläne, so daß an zwei Tagen in der Woche die Heizung im Hauptgebäude heruntergefahren werden könnte. Der Hausmeister der Schule ist aufgrund seiner Qualifikation und seiner zeitlichen Belastung nicht in der Lage, die Heizungsregelung entsprechend anzupassen. Das zuständige Hochbauamt erfährt von den Belegungsänderungen nichts. Die Chance zur Verminderung des Energieverbrauchs ist vertan.*

- *In einer größeren Schwimmhalle steht die Erneuerung der Heizungsanlage an. Wirtschaftlich sinnvoll wäre der Einbau eines modernen Blockheizkraftwerkes[2]. In der zuständigen Bauabteilung hat aber niemand in seiner Ausbildung etwas über diese Technologie gelernt. Ebensowenig liegen Erfahrungen hierzu vor. Deshalb wird der einfache Ersatz der alten Heizung durch eine vergleichbare neue Anlage erwogen, die eine viel geringere Effizienz als das sinnvollere Blockheizkraftwerk aufweist.*

---

[2] Ein Blockheizkraftwerk wandelt den Brennstoff zugleich in Wärme und Strom um und ist damit viel effizienter als eine einfache Heizung, die ausschließlich Wärme produziert.

- *In einem Energiegutachten für eine Veranstaltungshalle wird gezeigt, daß sich die Erneuerung und gleichzeitige Optimierung der Beleuchtung innerhalb von 3 Jahren amortisieren würde. Die jährlichen Belastungen für die nötige Kreditaufnahme ließen sich mit nur einem Teil der erreichbaren Stromkosteneinsparungen tragen, so daß vom ersten Jahr an eine Entlastung des Gesamthaushaltes erreichbar wäre. Da die Investition aus dem schon stark belasteten Vermögenshaushalt der Stadt zu tätigen ist und nicht direkt mit den Energiekosten(-einsparungen) aus dem Verwaltungshaushalt verrechenbar ist, wird diese sinnvolle Maßnahme jedoch nicht durchgeführt.*

Anhand dieser Beispiele wird klar, daß das Thema **Energie ein Querschnittsthema** darstellt, wie viele andere Umweltthemen auch: Quer zu den vorhandenen Linien innerhalb der Verwaltungsstrukturen wird eine Vielzahl von Aspekten berührt. **Ohne eine übergreifende Koordination und Planung sind die Einsparpotentiale nicht gezielt ausschöpfbar.** Um diese strukturellen Voraussetzungen zu schaffen, muß das Ziel der Energieeinsparung besonders anfangs ein **Thema der Verwaltungsleitung sein**, also auf „Neudeutsch": Des Managements.

5. Was ist Energiemanagement? Wer ist der Energiebeauftragte?

Eine **Definition des Energiemanagements** könnte wie folgt aussehen: „Energiemanagement integriert und koordiniert neue und alte Aufgaben sowie Techniken zur Energieeinsparung, die bisher zum großen Teil voneinander unabhängig waren, zu einer einheitlichen Strategie."

Zu den Aufgaben gehören z.B.: optimierte Betriebsführung von Heizungsanlagen, Nutzungsoptimierung von Gebäuden, Integration von technischen Sparmaßnahmen in die Sanierungsarbeiten, Energieverbrauchskontrolle, Schulung des Betriebspersonals und der Nutzer etc.

Zum Gelingen des Energiemanagements im Sinne dieser Definition muß auf zwei Ebenen erfolgreich gearbeitet werden:

Einerseits muß die **Verwaltungsleitung die Strategie vorgeben sowie die Rahmenbedingungen für eine Integration des Energiemanagements in die Verwaltung schaffen.** Dafür hat sie festzulegen, was und auf welche Weise es erreicht werden soll. Zudem sind Rahmenbedingungen für eine erfolgreiche Koordination und Bearbeitung der Aufgaben zu schaffen. Diese Bedingungen beinhalten u.a., daß ausreichend Personal und Sachmittel zur Verfügung stehen, daß die Zuständigkeiten geregelt sind, daß die Kommunikation funktioniert etc. Schließlich muß sie immer wieder überprüfen, ob die von ihr gesetzten Ziele erreicht wurden und gegebenenfalls steuernd eingreifen.

Andererseits müssen die **alltäglichen Aufgaben des Energiemanagements laufend koordiniert und bearbeitet** werden. An der Bearbeitung der Aufgaben wirken sehr viele Mitarbeiter der Verwaltung aus verschiedenen Verwaltungszweigen mit (Bauamt, Kämmerei, Hausmeister etc.).

Da so viele Stellen bei dieser Querschnittsaufgabe beteiligt sind, muß die Koordination zentral von einer Person geleistet werden, die die Fäden in der Hand hält. Sie wird zumeist als **Energiebeauftragte(r)** bezeichnet. In der Praxis übernimmt sie zusätzlich zur Koordinationsaufgabe weitere Basisaufgaben des Energiemanagements, wie z.B. die Energieverbrauchskontrolle. Deshalb kommt dem Energiebeauftragten (neben den nötigen Rahmenbedingungen) eine besonders große Bedeutung für das Gelingen des Energiemanagements zu.

6. **Welche Informationen und Hilfen finde ich in diesem Buch?**

Das Buch bietet eine Einführung in alle wichtigen Themen des Energiemanagements sowie viele konkrete Einstiegshilfen für die alltägliche Arbeit. Dazu bieten die TEILE I bis III sowie der Anhang folgende Schwerpunkte:

In allgemein verständlicher Form und praxisnah werden in TEIL I die wichtigsten **Grundlagen** des Energiemanagements präsentiert. Kap. 2 stellt anhand eines **Beispielgebäudes** die wichtigsten Kategorien von Einsparmaßnahmen (Organisation, Anlagentechnik, Gebäudedämmung) sowie ihre Auswirkungen auf Energieverbrauch, Kosten und Umweltbelastung dar.

Kap. 3 beschreibt ausführlich alle Aufgaben für ein umfassendes Energiemanagement, die in die **alltägliche Arbeit des Energiebeauftragten sowie der anderen Verwaltungsmitarbeiter** zu integrieren sind. Im 4. Kapitel werden Hilfsmittel und Methoden vorgestellt, die bei der Aufgabenbewältigung nützlich sind. (EDV-Unterstützung, Meßgeräte, etc.).

Die Kapitel 5 und 6 richten sich insbesondere an die **Verwaltungsleitung**, welche die organisatorischen Rahmenbedingungen für das Energiemanagement schaffen sowie Ziele und Entscheidungskriterien klar benennen muß.

In der Empfehlung für eine **Einführungsstrategie des Energiemanagements** im 7. Kapitel fließen die zuvor erläuterten Elemente zusammen.

Zumeist motiviert ein gutes Beispiel am stärksten zu eigenen Aktivitäten. Aus diesem Grund sind in TEIL II des Buches **Erfahrungen aus Kommunen** zusammengestellt worden, die im Energiemanagement aktiv sind.

Der Beitrag von Dr. G. Römer (Kap. 8) präsentiert die **Ergebnisse seiner bundesweiten Umfrage unter kleinen und mittleren Städten**. Erfolge und Schwierigkeiten der Arbeit der Energiebeauftragten werden ersichtlich.

Die darauf folgenden Beispiele beschreiben das Energiemanagement in einzelnen Städten ausführlicher. Während der Beitrag von T. Alt und M. Duscha (Kap. 9) zeigt, was **kleine und mittlere Städte** bereits erreicht haben, beschreibt Dr. V. Kienzlen die Arbeit aus der Perspektive einer **Großstadtverwaltung** (Kap. 10): Die Stadt Stuttgart blickt bereits auf eine lange und erfolgreiche Energiemanagement-Geschichte für ihre Gebäude zurück. Ganz neue Erfahrungen werden in Wuppertal gesammelt: Wie kann Energiemanagement nach einer grundlegenden **Verwaltungsreform** aussehen? C. Gleim stellt hierzu die Überlegungen seiner Verwaltung im 11. Kapitel dar.

Im Energiemanagement-Alltag stellt die Finanzierung von Energiesparmaßnahmen häufig das größte Hindernis für weitergehende Erfolge dar. Aus diesem Grund beschäftigt sich der TEIL III dieses Buches ausführlich mit verschiedenen **neuen Ansätzen der Finanzierung**.

Der Beitrag von D. Kellermann-Peter erläutert grundlegende (kommunale) Probleme sowie wichtige Lösungsansätze: **Contracting und Nutzenergielieferung** lauten hier die Stichworte (Kap. 12). Die beiden folgenden Beiträge zeigen, daß es möglich ist, **langfristig selbsttragende Finanzierungsformen** zu entwickeln. Dr. V. Kienzlen beschreibt hierzu im 13. Kapitel, wie das **Contracting-Prinzip in Stuttgart verwaltungsintern** umgesetzt wird. Im Rheingau-Taunus Kreis wurde ein anderer, „externer" Weg beschritten: Ein großer Teil der **Energiemanage-**

mentaufgaben wurde in eine GmbH ausgelagert. U. Schäfer skizziert in seinem Beitrag die wichtigsten Kennzeichen dieser Lösung (Kap. 14).

Im **Anhang** sind schließlich **Arbeitshilfen** für das Energiemanagement zusammengestellt. Hierzu zählen u.a. Checklisten für Gebäudebegehungen, Berechnungsfaktoren und Verfahren, Musterinhaltsverzeichnisse für Berichte und Dienstanweisungen etc. Zudem sind Empfehlungen für weiterführende Literatur und die Anschriften von wichtigen Institutionen aufgelistet. Die derzeitige Unterstützung des Energiemanagements durch die Energieagenturen wird kurz dargestellt (Stand: November 1998).

Teil I:

Grundlagen

2 Energiesparmaßnahmen konkret: Die Einsteinschule

Hans Hertle, Heidelberg

Die Akzeptanz des kommunalen Energiemanagements hängt zum großen Teil von den positiven Auswirkungen der umgesetzten Maßnahmen z.b. auf den Finanzhaushalt und die Umwelt ab. Um Erfolge nachzuweisen, müssen einzelne Maßnahmen sowie Maßnahmenpakete ausgewertet und deren Auswirkung auf Energieverbrauch und -kosten sowie die Emissionsentlastung dargestellt werden.

Als Vorspann zu den Kapiteln, die sich mit dem Energiemanagement auf der Verwaltungsebene beschäftigen, wird daher im folgenden exemplarisch dargestellt, welche Auswirkungen Einsparmaßnahmen an einem einzelnen Gebäude auf Energieverbrauch- und Kosten sowie die Emissionssituation haben. Dabei wird bewußt auf die Darstellung technischer Details verzichtet. Diese können in der weiterführenden Literatur (siehe Anhang) nachgeschlagen werden. Hier geht es vielmehr darum, einen Eindruck der typischen Effekte von verschiedenen Maßnahmen zu vermitteln.

Ausgewählt wurde eine Schule, da dieser Gebäudetyp in der Regel den Löwenanteil des Energieverbrauchs öffentlicher Gebäude in Kommunen ausmacht. Bei der ausgewählten Einsteinschule handelt es sich um ein bestehendes Objekt, bei dem viele der vorgeschlagenen Maßnahmen bereits umgesetzt wurden. Einige Maßnahmen wurden aus Erfahrungen an anderen Schulen hinzugefügt, um einen idealtypischen Maßnahmenkatalog zu erhalten. Eine Auswahl weiterer, hier nicht berücksichtigter Maßnahmen findet sich im Anhang (Einsparpotentiale und Kosten technischer Maßnahmen).

2.1 Maßnahmenkategorien

Allgemein lassen sich Energiesparmaßnahmen an Gebäuden nach folgenden Maßnahmenkategorien gliedern:

- **Organisation** (Nutzer-, Bedienerverhalten, etc.)
- **Anlagentechnik** (Heizung, Beleuchtung, etc.)
- **Gebäudehülle** (Dämmung, etc.)

In der Praxis kommen die ersten beiden Kategorien bislang am häufigsten zum Tragen. Dies hat verschiedene Gründe:

- **Organisatorische Maßnahmen**[1] erfordern keinen oder nur einen geringen Kapitalaufwand und versprechen daher Energie- und Kosteneinsparungen mit kurzen Amortisationszeiten. Häufig werden daher diese Maßnahmen zuerst durchgeführt. Beispiele hierfür sind Hausmeisterschulungen oder Optimierung der Belegungspläne.

- Im Rahmen der Erneuerungszyklen **der heizungs-, lüftungs-, regelungs- und beleuchtungstechnischen Anlagen** können Maßnahmen mit geringem bis mittlerem Kapitalaufwand umgesetzt werden. Die Amortisationszeiten betragen hier zumeist wenige Jahre.

- Bei der Gebäudehülle sind durch zusätzliche **Dämmaßnahmen** im Rahmen der ohnehin stattfindenden Sanierung hohe Einsparpotentiale realisierbar. Dies erfordert in der Regel einen mittleren bis hohen Kapitalaufwand. Diese Maßnahmen amortisieren sich zum Teil erst mittel- bis langfristig, d.h. eventuell erst in 15 bis 25 Jahren. Daher werden diese Maßnahmen heute nur in wenigen Fällen durchgeführt.

---

[1] häufig auch als „nicht-investive" Maßnahmen bezeichnet

2.2 Die Einsteinschule im Wandel der Zeit
Ausgangszustand 1986

Bei der Einsteinschule handelt es sich um ein typisches Nachkriegsgebäude aus den 50'er Jahren, das in Stahlbetonskelettbauweise ohne besondere Beachtung des Wärmeschutzes erstellt worden ist. Die Bruttogeschoßfläche des 3-stöckigen Gymnasiums beträgt 3000 qm.

Abb. 2-1: Ansicht der Einsteinschule

Seit der Erstellung des Gebäudes im Jahr 1954 sind lediglich Instandhaltungsmaßnahmen durchgeführt worden. Bei der alten Ölheizungsanlage wurde 1969 ein **neuer Brenner** eingebaut. 1980 wurden die Handventile der Heizkörper durch **Thermostatventile** ersetzt. An der Gebäudehülle sind 1982 die Verbund- und Einfachglasfenster durch **Isolierglasfenster** ersetzt worden.

Das Jahr 1986, das wir hier als Jahr des Ausgangszustandes betrachten, war für die Energieverbrauchsentwicklung der Einsteinschule entscheidend. Im Jahr 1986 wurde in der Kommune Energiemanagement offiziell eingeführt und die Stelle eines Energiebeauftragten geschaffen. Zusammen mit dem Hausmeister und externen Beratern wurden als erstes eine Schwachstellenanalyse und Sanierungsvorschläge für die Einsteinschule erarbeitet (siehe auch Abb. 2-2).

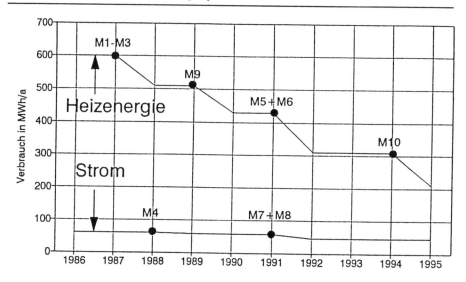

	Ausgangszustand		Maßnahmen im Bereich:
		Organisation	
A1	Fenster auf Dauerkippstellung	M1	Anweisung zur Stoßlüftung in den Pausen
A2	Regelung defekt bzw. falsch eingestellt	M2	Reparatur/Optimierung der Regelung
A3	2 mal die Woche Elternabende	M3	Zusammenfassung der Elternabende
A4	Licht brennt, bis Putzkolonne durch ist	M4	Nutzungsgerechtes Ausschalten der Beleuchtung
		Anlagentechnik	
A5	Immer gesamtes Gebäude beheizt	M5	Zonierung mit verschiedenen Vorlauftemperaturen
A6	30 Jahre alter Ölkessel	M6	Modulierender Gas-Brennwertkessel
A7	Ungeregelte, zu große Heizungspumpen	M7	Differenzdruckgeregelte, angepaßte Pumpen
A8	Alte Leuchtstoffröhren mit Abdeckung	M8	Neue Dreibandenröhren mit Reflektoren
		Gebäude	
A9	Undichtes Flachdach	M9	Flachdachsanierung mit zusätzlicher Dämmung
A10	Schlecht gedämmte Außenwand	M10	Kerndämmung der Außenwand

Abb. 2-2: Ausgangszustand und durchgeführte Maßnahmen der Einsteinschule

Folgende Mißstände fielen sofort auf: Die ältere **Heizungsregelung war defekt** (Zeitschaltuhr lief nicht mehr, so daß die Anlage nicht mehr auf Nachtabsenkung schaltete) und nicht optimal eingestellt. Die Fenster befanden sich häufig auf **Dauerkippstellung**. Die am Anfang des Schuljahres gehäuft stattfindenden **Elternabende** waren **unregelmäßig** über die ersten Unterrichtswochen **verteilt**. Es mußte dafür immer die gesamte Schule beheizt bleiben. Zudem war es üblich, als Zeichen dafür, welche Räume noch gereinigt werden müssen, nach Unterrichtsschluß **die Beleuchtung im ganzen Gebäude anzulassen**, bis die Putzkolonne mit ihrer Arbeit fertig war.

2.3 Maßnahmen an der Einsteinschule (1986 - 1994)

Auf der Grundlage dieser Schwachstellenanalyse wurden dann folgende Maßnahmen umgesetzt:

- Nachdem der Hausmeister an einer **Schulung** teilgenommen hatte, war er in der Lage, die Heizungsregelung selbständig zu bedienen und zu kontrollieren. Nach Ersatz der defekten Schaltuhr wurden die Vorlauftemperaturen und Ein- bzw. Ausschaltzeiten von ihm optimal eingestellt. Die Hinweise auf die energiesparende Stoßlüftung wurden von den Lehrkräften aufgenommen und weitergeleitet. Die Reinigungsfirma wurde angewiesen, die Beleuchtung nur im notwendigen Rahmen einzusetzen. In der Lehrerkonferenz wurde die Zusammenlegung der Elternabende zu Beginn des Schuljahres auf zwei Tage beschlossen.

- Da das **Flachdach** an einigen Stellen bereits undicht war, wurde 1989 eine neue Dachhaut aufgebracht, die zusätzlich mit einer **10 cm starken Wärmedämmung** versehen war.

- Im Rahmen der notwendigen Heizungssanierung wurde 1991 statt eines Niedertemperaturkessels ein **Gas-Brennwertkessel** eingebaut und von Heizöl auf Erdgasversorgung umgestellt. In diesem Zusammenhang wurden 1991 auch die **Rohre und Armaturen im Heizraum** gedämmt und differenzdruckgeregelte Heizungspumpen eingebaut.

- Im Jahre 1991 wurden auch die alten Leuchtstoffröhren durch **neue Dreibandenleuchtstoffröhren** ersetzt.

- Im Jahr 1994 kam es dann zu der vorgeschlagenen **Außenwanddämmung**, indem in den 8 cm tiefen Zwischenraum des zweischaligen Mauerwerkes eine Dämmung eingeblasen wurde.

2.4 Exkurs: Von der Primärenergie bis zur Energiedienstleistung

Da in dem Beispiel Einsteinschule sowie den folgenden Kapiteln des Buches häufig von Energie und Energieeinsparung die Rede ist, wird in diesem Exkurs der Weg der Energie, von der Förderung bis zur Nutzung, beschrieben und die Ansätze für eine optimierte Energienutzung dargestellt.

Der Weg der Energie

Am Beispiel eines Energieflußdiagrammes[2] (Abb. 2-3) wird der Weg der Energieträger von der Primärenergie (PE) über Endenergie (EE) und Nutzenergie (NE) bis zur Energiedienstleistung (EDL) verdeutlicht. Diese Übersicht zeigt die verschiedenen Ansatzmöglichkeiten zum Energiesparen auf. Zwischen dem „Input" verschiedener Energieträger auf der linken Seite und dem „Output", der Energiedienstleistung, liegen verlustbehaftete Stufen des Energietransportes und der Energieumwandlung. Von den 100% PE werden insgesamt nur 22% als EDL tatsächlich genutzt. Die anderen 78% sind (zum Teil vermeidbare) Energieverluste.

Anhand von Beispielen soll diese Kette veranschaulicht werden:

Bis die Energie beim Nutzer in Form von Wärme, Kälte oder Licht ankommt, hat sie schon einen langen Weg hinter sich. Am **Beispiel** einer **Ölheizung** kann dies verdeutlicht werden. Als **Primärenergie (PE)** wird sie als Erdöl gefördert, dann zu den Raffinerien transportiert, dort aufbereitet und als **Endenergie (EE)**, in diesem Fall Heizöl, beim Verbraucher angeliefert.

---

[2] Das Diagramm stellt den Energiefluß privater Haushalte dar, ist aber analog auch auf öffentliche Gebäude übertragbar

2 Energiesparmaßnahmen konkret

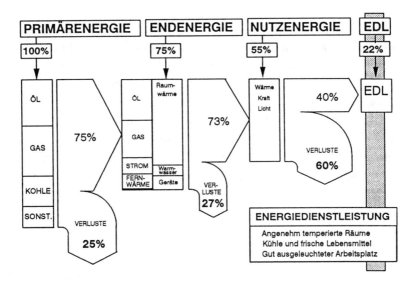

Abb. 2-3: Beispiel eines Energieflußdiagrammes /ifeu 1994/

Dort wird sie im Heizkessel umgewandelt und gelangt über die Heizleitungen und Heizkörper als Wärme (sogenannte **Nutzenergie = NE**) in den Raum. Was der Mensch aber eigentlich braucht, ist nicht die Nutzenergie, sondern angenehm temperierte Räume, damit er sich wohlfühlt. Er benötigt eine **Energiedienstleistung (EDL)**.

Bei diesen Umwandlungsschritten entstehen Verluste, die mehr oder weniger stark verringert werden können. Die Verluste beim Transport und der Aufbereitung des Rohöls (PE zu EE) von ca. 10% können nur unwesentlich beeinflußt werden. Die Kessel- und Leitungsverluste von etwa 25% (EE zu NE) können durch neue Kesseltechnik, Dämmung der Leitung und optimale Regelung fast vollständig vermieden werden. Das größte Potential liegt aber in der Verringerung der Verluste von der Nutzenergie zur Energiedienstleistung. Die Energiedienstleistung (angenehm temperierte Räume) kann z.B. mit viel Nutzenergie bei einem schlecht gedämmten Haus, mit wenig Nutzenergie bei einem gut gedämmten Haus zur Verfügung gestellt werden. Durch nachträgliche Dämmung von Dach, Keller und Außenwand sowie durch den Einbau von Wärmeschutzglas lassen sich Verluste von 60% vermeiden. **Damit verringert sich der Primärenergieverbrauch für die EDL „warmer Raum" von 100% auf etwa 45%.**

Ein weiteres Beispiel ist der **Kühlschrank**, der in jedem Haushalt über eine strombetriebene Wärmepumpe die Lebensmittel frisch hält. Für 200 kWh Stromverbrauch pro Gerät und Jahr muß etwa die 3-fache Menge, nämlich 600 kWh Brennstoff (Kohle und Gas etc.) eingesetzt werden. Durch den Bau optimierter Kraftwerke könnten die Umwandlungsverluste (PE zu EE) von heute etwa 66% auf langfristig 50% reduziert werden. Wird dann auch noch ein neuer Kühlschrank mit wesentlich besserer Wärmedämmung und optimierten Kompressoren verwendet, so sinkt der Energieverbrauch für die gleiche Energiedienstleistung (ein kühles Bier etc.) auf etwa 80 kWh pro Jahr. **Der Primärenergieeinsatz verringert sich damit von 100% auf 27%.**

2.5 Energieeinsparung der Einsteinschule

Die oben beschriebenen Maßnahmen wurden an der Einsteinschule im Zeitraum von 10 Jahren umgesetzt (siehe auch Abb. 2-2). Dadurch kam es zu einer Heizenergieeinsparung von 65% und zu einer Stromverbrauchsreduzierung von 25%.

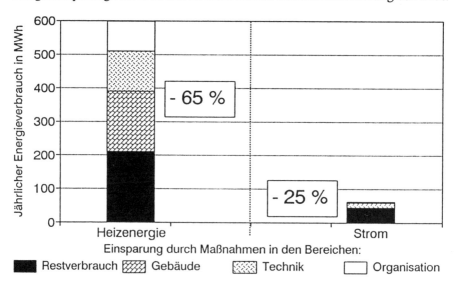

Abb. 2-4: Energieeinsparung der Einsteinschule nach Maßnahmenbereichen

Die einzelnen Maßnahmenbereiche waren folgendermaßen an der Einsparung beteiligt (siehe Abb. 2-4):

Organisation: Allein durch kurzfristige, organisatorische Maßnahmen waren in der Einsteinschule Einsparungen von 15% Heizenergie und 5% Strom möglich.

Anlagentechnik: Die mittelfristigen technischen Maßnahmen führten hier zu Einsparungen von jeweils 20% Heizenergie und Strom.

Gebäude: Der größte Einspareffekt wurde durch langfristig wirksame Maßnahmen (eine Dachdämmung „hält" z.B. etwa 25 Jahre) an der Gebäudehülle erzielt (30%). Mit einer Einsparung von 17% hatte dabei die Außenwanddämmung vor der Dachdämmung (13%) den höchsten Anteil.

2.6 Energiekosteneinsparung der Einsteinschule

Betrachtet man die Kostenseite dieses Beispiels, so verschieben sich die Verhältnisse Strom zu Heizenergie entscheidend. Bei Energiepreisen von 4,5 Pfg/kWh für Heizöl, 5 Pfg/kWh für Erdgas[3] und 35 Pfg/kWh für Strom betrugen die Heizenergiekosten im Ausgangsjahr (1986) 27.000 DM, die Stromkosten 21.000 DM.

Obwohl der Stromverbrauch nur einen Anteil von 9% am Endenergieverbrauch hat, entfielen auf ihn 44% der Energiekosten.

Nach Durchführung aller vorgeschlagenen Maßnahmen ergibt sich im Jahr 1995 eine Kostenersparnis von 59% bei der Heizenergie und 25% bei der Stromanwendung.

Die Kostenersparnis liegt bei der Heizenergie niedriger als die Energieeinsparung (59% statt 65%). Die Ursache hierbei liegt u.a. an dem, gegenüber Heizöl, höheren Erdgaspreis. Dadurch konnte allerdings ein zusätzlich nutzbarer Kellerraum geschaffen werden, die Tankrevision entfiel und die Emissionsminderung fiel erheblich höher aus.

---

[3] bezogen auf den unteren Heizwert (siehe Anhang Heizwerte)

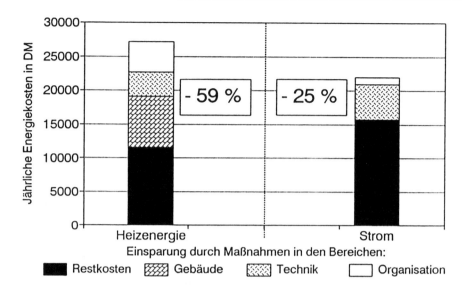

Abb. 2-5: Energiekosteneinsparung der Einsteinschule

2.7 Investitionskosten- und Wirtschaftlichkeitsbetrachtung

Um die Wirtschaftlichkeit von energiesparenden Maßnahmen bewerten zu können, müssen auch die Investitions- bzw. Kapitalkosten (Investitionskosten einschließlich Verzinsung) betrachtet und mit den Energiekosten verglichen werden. Dieser Vergleich findet sinnvollerweise im Sinne eines **Least-Cost-Planning-Ansatzes** statt. Hierbei wird berechnet, welche Lösung weniger Kosten verursacht: Energie kaufen oder Energieverluste vermeiden?

Zur Errechnung der **Vermeidungs- bzw. Einsparkosten (Kosten bezogen auf die Energieeinsparung)** werden die mittleren jährlichen Kapitalkosten der Investition durch die jährliche Energieeinsparung geteilt. Dabei sind lediglich die Kosten für den energiesparenden Anteil der Maßnahme (z.B. **Mehrkosten** der Dämmschicht gegenüber der reinen Sanierung des Daches) und nicht die ohnehin anfallenden Instandhaltungskosten der Sanierung zu berücksichtigen. Die grundlegenden Erläuterungen zur Wirtschaftlichkeitsberechnung sind im Kapitel 4.3 zu finden.

Am Beispiel der Flachdachdämmung der Einsteinschule wird die Berechnung der Einsparkosten verdeutlicht (siehe auch Tab. 2-1):

Die Sanierung des Flachdaches (Maßnahme M9 im Jahr 1989) kostete 150.000 DM. Davon wären 80.000 DM auch bei einer reinen Abdichtung des Daches angefallen, so daß als Mehrkosten für die zusätzliche Wärmedämmung von 10 cm Stärke 70.000 DM anzurechnen sind. Bei einer rechnerischen Lebensdauer von 25 Jahren führt das zu jährlichen Kapitalkosten (einschließlich Zinsen) von 4.721 DM[4]. Bereits im ersten Jahr konnten durch diese Maßnahme 78.000 kWh Heizenergie bzw. 3.900 DM eingespart werden.

Tab. 2-1: Einsparkosten am Beispiel Dachdämmung der Einsteinschule

A	Rechnerische Nutzungsdauer	25 Jahre
B	Investitionskosten	120.000 DM
C	Mehrkosten für Wärmedämmung	70.000 DM
D	Jährliche Kapitalkosten	4.721 DM[5]
E	Jährliche Energieeinsparung	78.000 kWh
F =D/E	**Einsparkosten**	**6,1 Pfg/kWh**

Es ergeben sich **Einsparkosten von 6,1 Pfg/kWh**, d.h. die Kommune muß 6,1 Pfennige aufbringen, um eine Kilowattstunde einzusparen.

Vergleicht man diese Kosten mit den **Energiebezugskosten**, so sieht man, daß diese 6,1 Pfennige noch über dem heutigen Energiepreis von 5,0 Pfg/kWh bei Erdgas liegen. Allerdings sind die Einsparkosten über 25 Jahre gerechnet. Berechnet man analog auch die Energiebezugskosten über die nächsten 25 Jahre, so liegen diese im Mittel bei **6,5 Pfg/kWh**[6].

Die Maßnahme wäre also bei dieser Annahme wirtschaftlich.

---

[4] Annahme: Zinssatz real 4,5%

[5] Die (mittleren) jährlichen Kapitalkosten errechnen sich nach der Formel im Anhang: Wirtschaftlichkeitsberechnung

[6] Annahme: Energiepreissteigerung von Erdgas real 2,4%

2.8 Einsparkosten nach Maßnahmenkategorien

In der Tab. 2-2 sind auch für alle anderen Maßnahmen die Einsparkosten dargestellt. Weitere Angaben zu Investitionsmehrkosten, Lebensdauer, mittleren Energiekosten etc. finden sich im Anhang (Wirtschaftlichkeitsberechnung).

Für die Umsetzung der **organisatorischen Maßnahmen** an diesem Beispielgebäude war das Engagement von Betreibern und Nutzern erforderlich. Im Gegensatz zu Maßnahmen im Bereich Anlagentechnik und Gebäude fielen nur in geringem Umfang Kosten (z.B. für Schulungen) an. Organisatorische Maßnahmen müssen als Daueraufgabe eingeführt werden, da der Energieverbrauch sofort wieder steigt, sobald sich niemand mehr um die Organisation kümmert (siehe auch Kapitel 5.6).

Tab. 2-2: Einsparkosten von Maßnahmen in der Einsteinschule

Maßnahmenbereiche	Stichwort	Einsparkosten [Pfennig/kWh]
Maßnahmen im Bereich Heizenergie		
Organisation	Nutzerverhalten	
Anlagentechnik	Gasbrennwertkessel	1,6
Gebäude	Flachdachdämmung	6,1
Gebäude	Außenwanddämmung	5,3
Maßnahmen im Strombereich		
Organisation	Nutzerverhalten	
Anlagentechnik	Heizungspumpen	4,7
Anlagentechnik	Beleuchtung	14,0

Für die **anlagentechnischen Maßnahmen** mußten bei diesem Beispiel 1,6 Pfg/kWh (Heizenergie) bzw. 4,7 und 14,0 Pfg/kWh (Strom) aufgebracht werden.

Die **baulichen Maßnahmen** an der Einsteinschule kosteten 5,3 bzw. 6,1 Pfg/kWh.

Vergleicht man die Einsparkosten im Bereich Heizenergie mit dem mittleren Energiepreis von 6,5 Pfg/kWh, der als Mittelwert für die nächsten 25 Jahre erwartet wird, so zeigt sich, daß die Einsparkosten von 1,6 bis 6,1 Pfg/kWh darunter liegen.

Die vorgeschlagenen Maßnahmen im Strombereich sind gegenüber dem heutigen Strompreis von 35 Pfg/kWh wirtschaftlich.

Damit sind alle bei der Einsteinschule durchgeführten Maßnahmen, über die rechnerische Nutzungsdauer betrachtet, wirtschaftlich.

2.9 Emissionsminderung bei der Einsteinschule

Neben der Energie- und Kosteneinsparung spielen in der öffentlichen Diskussion verstärkt die Umweltauswirkungen des Energieverbrauchs eine große Rolle. Wurden früher eher die klassischen Schadstoffe Schwefeldioxid, Stickoxid, Kohlenmonoxid (SO_2, NO_X, CO) oder Staub betrachtet, so rückten in den letzten Jahren vor allem die sogenannten Treibhausgase Kohlendioxid, Lachgas und Methan (CO_2, N_2O, CH_4) in den Vordergrund.

Für die Einsteinschule werden beispielhaft die Emissionen der Schadstoffe SO_2 und NO_X sowie die CO_2-Emissionen[7] dargestellt. Wie die Emissionen berechnet werden, ist im Anhang (Emissionsberechnung) erläutert.

In der Tab. 2-3 sind die Emissionsmengen der Einsteinschule vor und nach Durchführung der Maßnahmen dargestellt. Bei Durchführung aller Maßnahmen lassen sich die Emissionen auf 8% (SO_2), 27% (NO_X), 31% (Staub) und 34% (CO_2) verringern. Die Emissionsminderungseffekte infolge der durchgeführten Maßnahmen sind im wesentlichen proportional zur erzielten Endenergieeinsparung. Lediglich bei der Erneuerung der Kesselanlage kommt es zu einer überproportionalen Emissionsminderung. Dies liegt zum einen an neuen Techniken (durch Senken der Verbrennungstemperatur wird zum Beispiel NO_X stark vermindert), im wesentlichen aber an dem durchgeführten Energieträgerwechsel von Heizöl zu Erdgas. Erdgas emittiert pro Kilowattstunde weniger CO_2 als Heizöl.

---

[7] einschließlich Prozeßkette (siehe Kapitel 4.4)

Tab. 2-3: Jährliche Emissionen der Einsteinschule vor und nach Durchführung der Maßnahmen

	CO_2 [t]	SO_2 [kg]	NO_X [kg]	Staub [kg]
VORHER				
Heizenergie	179	274	134	9
Strom	43	31	50	5
SUMME	222	305	184	14
NACHHER				
Heizenergie	44	3	33	1
Strom	32	23	38	4
SUMME	**76**	**26**	**70**	**4**
Prozentuale Einsparung	**66%**	**92%**	**73%**	**69%**

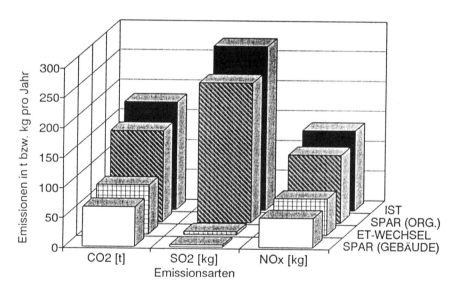

Abb. 2-6: Emissionsminderung der Maßnahmen an der Einsteinschule

In der Abb. 2-6 ist die Minderung der CO_2-, SO_2- und NO_X-Emissionen durch Maßnahmen zur **Senkung des Heizenergiebedarfs** dargestellt. Ausgehend vom oben beschriebenen Ausgangszustand verringern sich die Emissionen **durch organisatorische Sparmaßnahmen um 15%**.

Bei der **Erneuerung der Kesselanlage** verringern sich die SO_2-Emissionen (- 83 Prozentpunkte) aber auch die CO_2-Emissionen (-39 Prozentpunkte) durch den Wechsel des Energieträgers (Heizöl auf Erdgas) erheblich. Durch Einsatz des Gas-Brennwertkessels kommt es außerdem zu einer Verringerung der NO_X-Emissionen (- 40 Prozentpunkte).

Durch **Dämmaßnahmen** kommt es, proportional zur Energieeinsparung, bezogen auf den Zustand nach Kesselerneuerung, zu einer weiteren Minderung der Emissionen um **30%**.

Bei der **Stromanwendung** beträgt die Emissionsminderung im Maßnahmenbereich Organisation 5%, im Bereich Anlagentechnik 20%.

2.10 Fazit

Die in diesem Kapitel dargestellten Effekte der Maßnahmenkategorien Organisation, Anlagentechnik und Gebäudehülle auf Energieverbrauch und -kosten sowie die Emissionen sind zu einem großen Teil auf andere öffentliche Gebäude übertragbar.

Trotz ihrer Wirtschaftlichkeit und der möglichen Umweltentlastung werden sie jedoch nur dann durchgeführt, wenn, wie bei der Einsteinschule, der Energiebeauftragte, der Hausmeister und die Verwaltung die Umsetzung gewährleisten. Erst durch diese Unterstützung können Vorschläge konkretisiert, Sanierungsplanungen erarbeitet, die Finanzierung gesichert und die Maßnahmen schließlich realisiert werden. Neben der technisch-wirtschaftlichen Bewertung einzelner Maßnahmen sind daher die Rahmenbedingungen in der Verwaltung dafür entscheidend, ob es zur Umsetzung der Maßnahmen kommt. Letztere werden in den folgenden Kapiteln näher erläutert.

3 Aufgaben des Energiemanagements

Markus Duscha

Im Einführungskapitel wurde folgende Definition des Energiemanagements gegeben:

„Energiemanagement integriert und koordiniert neue und alte Aufgaben sowie Techniken zur Energieeinsparung, die bisher zum großen Teil voneinander unabhängig waren, zu einer einheitlichen Strategie."

Dieses Kapitel präsentiert in einer grundlegenden und zugleich praxisnahen Beschreibung nun alle **Aufgaben**, die für ein **umfassendes Energiemanagement** zu bearbeiten sind. Die Reihenfolge ihrer Beschreibung orientiert sich an der Zugehörigkeit zu bestimmten Aufgabenbereichen, wie sie in Tab. 3-1 aufgeführt sind. Zahlreiche Querverweise zwischen den Aufgabenbeschreibungen verdeutlichen die Zusammenhänge. Konkrete Beispiele vereinfachen das Verständnis.

In der Praxis lassen sich nur selten Organisationen finden, die tatsächlich das gesamte Aufgabenspektrum abdecken. Vielmehr hängt die tatsächliche Ausgestaltung von gesteckten Zielen, engagierten Personen und der Geschichte der Einführung des Energiemanagements ab. Welche Teilaufgaben in welcher Reihenfolge einbezogen werden sollten, dazu finden sich Hilfestellungen in Kapitel 7, in dem eine Einführungsstrategie für das Energiemanagement vorgestellt wird.

Als Bearbeiter der Aufgaben wird in diesem Kapitel aus Vereinfachungsgründen zumeist der „Energiebeauftragte" genannt (zur Person des Energiebeauftragten vgl. einführend Kap. 1 und vertiefend Kap. 5.1). Über die tatsächliche Aufteilung der Aufgaben auf die Verwaltungsmitarbeiter soll damit aber noch nichts ausgesagt sein (s. hierzu Kap. 5.2).

Tab. 3-1: Aufgaben des Energiemanagements

Aufgabenbereich	Teilaufgaben
Verbrauchskontrolle	Verbrauchserfassung
	Witterungsbereinigung
	Verbrauchsauswertung
Gebäudeanalyse	Erfassung wichtiger Gebäudedaten
	Ermittlung von Energiekennwerten
	Grobdiagnose
	Feindiagnose
Planung von Einsparmaßnahmen	Erstellung von Prioritätenlisten
	Sanierungsplanung
	Finanzierungsplanung
	Beratung bei Neubauplanung
Betriebsführung von Anlagen	Betriebsüberwachung
	Beratung und Kontrolle des Betriebspersonals
Energiebeschaffung	Überprüfung von Lieferverträgen
	Energieeinkauf
Nutzungsoptimierung	Optimale Belegung von Gebäuden
	Aufklärung und Motivation der Gebäudenutzer
Begleitung investiver Maßnahmen	Beraten, Kontrollieren, Optimieren
Kommunikation	Schulung und Motivation des Betriebspersonals
	Weiterbildung der Verwaltungsangestellten
	Berichterstellung
	Erfahrungsaustausch

3.1 Aufgabenbereich Verbrauchskontrolle

Auf die Frage nach dem Energieverbrauch eines Gebäudes erhält man z.B. häufig noch die Antwort: „16.000 DM pro Jahr". Die verbrauchsgebundenen Energiekosten[1], wie sie den Rechnungen von Öllieferanten und Energieversorgungsunternehmen zu entnehmen sind, stellen jedoch eine zusammengesetzte Größe dar. Sie setzen sich einerseits aus Energiepreisen (finanztechnischer Aspekt) und andererseits aus dem Energieverbrauch (energietechnischer Aspekt) zusammen. Werden

---

[1] vgl. Kap. 12 zu den verschiedenen Kostenanteilen beim Energieeinsatz.

also nur die verbrauchsgebundenen Energiekosten betrachtet, lassen sich die Effekte veränderter Energiepreise und eines schwankenden Verbrauchs nicht mehr getrennt erkennen. Damit ist eine wichtige Chance vertan. Beispielsweise sind dann keine Aussagen über die (technische) Effizienz des Energieeinsatzes in einem Gebäude möglich.

Die Angabe der Energiekosten allein stellt deshalb noch keine hinreichende Basis für ein Controlling dar. Dafür müssen der Energieverbrauch, die Energiekosten sowie die daraus resultierenden Umweltbelastungen getrennt angegeben werden. Die **regelmäßige Verbrauchskontrolle** aller Gebäude ist dabei **einer der grundlegenden Bausteine** für das gesamte Energiemanagement, weil sie die Basis bildet für:

- die Beurteilung der (technischen) Effizienz des Energieeinsatzes
- korrigierende Eingriffe bei Anlagendefekten und Nutzungsfehlern, die ansonsten lange unentdeckt bleiben
- die Emissionsberechnung und damit für die Beurteilung der Umweltauswirkungen
- die Überprüfung von Energierechnungen

Ohne ein fundiertes Wissen über den tatsächlichen, aktuellen Verbrauch der verwalteten Gebäude sind deshalb viele der anderen Aufgabenbereiche nicht optimal durchführbar. Da die Verbrauchskontrolle in den meisten Institutionen noch nicht zu den „Standards" der Gebäudeverwaltung gehört, werden ihre wichtigsten Elemente in den folgenden Abschnitten erläutert:

- Verbrauchserfassung
- Witterungsbereinigung
- Verbrauchsauswertung

3.1.1 Verbrauchserfassung

Allgemein läßt sich die Grundregel angeben: Je genauer der Verbrauch erfaßt wird, desto mehr Kontroll- und Optimierungsmöglichkeiten sind gegeben. In der Praxis muß natürlich ein Kompromiß zwischen diesem Ziel und einem vertretbaren Erfassungsaufwand gefunden werden. Wenn für jeden Raum eines Gebäudes alle fünf Minuten der Stromverbrauch für die Beleuchtung angegeben wird, handelt es sich aufgrund des riesigen Aufwandes nicht um eine praktikable Lösung für den Alltag, sondern eher um einen Spezialfall im Rahmen einer Gebäudefeindiagnose (vgl. Kap. 3.2).

Die hier beschriebenen Differenzierungsgrade für die Erfassung haben sich für die meisten übergeordneten Kontrollaufgaben des Energiemanagements als ausreichend erwiesen.

Zuordnung des Verbrauchs zu Gebäuden und Nutzungsarten

Verbrauchsangaben sollten zumindest einzelnen Gebäuden zuzuordnen sein, um eine sinnvolle Bewertung zu ermöglichen.

So ist es zum Beispiel nicht ausreichend, ausschließlich den Gasverbrauch einer Heizungsanlage in einer Schule zu erfassen, wenn durch diese Anlage ein benachbarter Kindergarten in einem gesonderten Gebäude mit versorgt wird. In einem solchen Fall ist der Einbau von Wärmemengenzählern in die Heizkreise nötig, um die Verbräuche getrennt ausweisen zu können.

Wenn sich in einem Gebäude erhebliche Bereiche mit stark unterschiedlicher Nutzung befinden, sollte eine Zuordnung des Verbrauchs zu diesen Nutzungsbereichen ermöglicht werden.

Gibt es zum Beispiel eine Wohnungsnutzung in den beiden oberen Etagen eines 6-geschossigen Gebäudes, in dem ansonsten nur Büros untergebracht sind, sollte idealerweise der Verbrauch der Wohnungen gesondert erfaßt werden.

Unterscheidung nach Energieträgern und Energieanwendungen

Die Erfassung der **verschiedenen Energieträger** erfolgt getrennt (Öl, Kohle, Gas, Fern-/Nahwärme, Strom, etc.).

Exkurs: Hierbei muß berücksichtigt werden, daß die Energieträger zunächst in unterschiedlichen Einheiten gemessen werden: Öl in Litern, Gas in Kubikmetern, etc. Diese Angaben der Brennstoffe müssen noch auf einen einheitlichen Wert ihres Energieinhaltes, den sogenannten **Heizwert**, umgerechnet werden, damit sie miteinander vergleichbar sind. Ein Liter Öl enthält zum Beispiel einen Heizwert von etwa 10 Kilowattstunden (kWh). Weitere Umrechnungsfaktoren für andere Energieträger sind im Anhang zu finden.

Auch nach einer Umrechnung der Brennstoffmengen auf ihren Heizwert oder der Zusammenfassung (z.b. Endenergieverbrauch pro Gebäude) muß sich die Aufteilung auf die Energieträger klar nachvollziehen lassen, um Emissions- und Kostenbetrachtungen zu ermöglichen.

Bei der Energieverbrauchserfassung sollte die **Erfassung des Wasserverbrauchs** gleichzeitig durchgeführt werden, um auch hier eine regelmäßige Verbrauchskontrolle einzuführen. Insbesondere der Warmwasserverbrauch ist gesondert zu erfassen, wenn dies ohne großen Aufwand möglich ist (z.B. bei einer zentralen Warmwasserbereitung). Hierdurch lassen sich wichtige Hinweise für eine optimale Dimensionierung von Warmwasserbereitungsanlagen und -speichern gewinnen.

Darüber hinaus ist eine **Unterscheidung nach verschiedenen Energieanwendungen** (Raumheizung, Warmwasserbereitung, Licht, Kraft etc.) so weit festzuhalten, wie es die vorhandene Zählerstruktur erlaubt. Dies ist zunächst nur sehr begrenzt möglich, da zum Beispiel Beleuchtungsanlagen (Licht) und Fahrstühle (Kraft) über den gleichen Stromzähler laufen. Weitere Unterscheidungen bleiben dann genaueren Gebäudeanalysen vorbehalten.

Erfassungsintervalle

Um ein schnelles Eingreifen bei Anlagendefekten oder fehlerhafter Nutzung zu ermöglichen, muß der Verbrauch **mindestens monatlich** erfaßt werden. Wenn dies in der ersten Phase des Energiemanagements erreicht werden konnte, ist bei Heizungsanlagen mit größeren Leistungen langfristig ein noch kürzerer Ablesezeitraum anzustreben (s. Tab. 3-2).

Tab. 3-2: Abhängigkeit der Erfassungsintervalle von der Größe der Heizungsanlage

Anlagengröße	Erfassungsintervall
bis zu 250 kW	monatlich
zwischen 250 und 3000 kW	2 mal wöchentlich
über 3000 kW	täglich

In einer Gemeinde Österreichs wurde ein Leck im Öltank erst nach zweimaligem Nachtanken entdeckt. Die immensen Kosten für den tiefen Bodenaushub wären viel geringer ausgefallen, wenn das Leck durch eine monatliche Erfassung des Ölstands nach 2 Monaten statt nach 2 Jahren entdeckt worden wäre.

Möglichkeiten der Erfassung

Die Verbrauchserfassung erfolgt über das **Ablesen von Gas-, Wärmemengen-, Strom- und Wasserzählern** bzw. von **Öldurchflußmessern/Ölstandanzeigern**. Hierbei kann in einem ersten Schritt bei den leitungsgebundenen Energieträgern (Strom, Gas etc.) auf die Zähler der Energieversorger zurückgegriffen werden. Um aber die oben beschriebene Differenzierung nach Gebäuden und Nutzungsarten zu erreichen, müssen sehr häufig Zwischenzähler installiert werden. Die Ablesung selbst kann durch das Betriebspersonal vor Ort (z.B. Hausmeister) oder automatisiert über eine Datenfernabfrage erfolgen. (Weitere Erläuterungen zur Erfassung s. Kap. 4.2 und Kap. 5.3).

Verbrauchsabrechnungen der Energieversorger können ebenfalls herangezogen werden, falls sie mindestens monatlich verfügbar sind. Es sollte jedoch zur Kontrolle ein Abgleich durch eigene, stichprobenartige Zählerablesungen erfolgen.

An Heizungskörpern sind auch in öffentlichen Gebäuden gelegentlich Verdunstungs- und elektronische **Heizkostenverteiler** angebracht, um verbrauchsabhängige Abrechnungen zu ermöglichen. Sie sind für eine Erfassung des Energieverbrauchs im Sinne eines exakten Controllings **nicht einsetzbar**. Bei ihnen kommen nur Meßhilfsverfahren zum Einsatz, die nicht exakt die Energiemengen widerspiegeln.

Speicherung und Weiterverarbeitung der Verbrauchsdaten

Die Verbrauchsdaten werden mittels EDV-Programmen zur Auswertung abgelegt. Ein deutlicher Vorteil bei den EDV-Programmen besteht darin, daß die anschließende Auswertung (Addition von Monatswerten, Witterungsbereinigung, etc.) automatisiert und damit schnell erfolgen kann. (vgl. Kap. 4.1).

3.1.2 Witterungsbereinigung

Der Energieverbrauch für die Raumheizung ist stark von der Witterung, insbesondere von den Lufttemperaturen, abhängig. In einem kalten Winter kann der Heizenergieverbrauch deshalb im Vergleich zu einem milden Winter im Jahr zuvor deutlich ansteigen, ohne daß Nutzungsänderungen oder Anlagenfehler vorliegen. Um solche Fehlinterpretationen zu vermeiden, muß der erfaßte Verbrauch für die Raumheizung deshalb durch eine Bereinigung von dieser Witterungsabhängigkeit befreit werden. Als Grundprinzip gilt dabei, daß derjenige Heizenergieverbrauch mittels der Witterungsbereinigung berechnet wird, der im gleichen Zeitraum und am gleichen Ort bei einer langjährig durchschnittlichen Witterung aufgetreten wäre.

Da das in der VDI-Richtlinie 3807 „Energieverbrauchskennwerte für Gebäude" /VDI 1994/ beschriebene Verfahren mittels **Heizgradtagen** für die meisten Standardfälle die besten Ergebnisse zeigt, wird dieses Verfahren hier empfohlen und ein Beispiel für eine jährliche Betrachtung gezeigt. Solche Bereinigungen sind auch für andere Zeiträume, z.B. Monate, möglich. Das Verfahren der Witterungsbereinigung ist im Anhang erläutert[2].

Die in Abb. 3-1 gezeigte Verbrauchsentwicklung stammt aus einer Schule, in der im Jahr 1990 ein neuer Heizkessel installiert wurde. Zunächst sah es bei einer ausschließlichen Betrachtung der tatsächlichen Verbrauchswerte im Jahr 1991 so aus, als hätte die Modernisierung nicht zu der erwarteten Einsparung geführt. Erst nach der Witterungsbereinigung des Heizölverbrauchs wurde ersichtlich, daß eine Einsparung von etwa 3.000 Litern Öl erreicht werden konnte.

---

[2] Dort ist auch der Unterschied zum bisher bekannteren Verfahren der Witterungsbereinigung mittels Gradtagzahlen beschrieben.

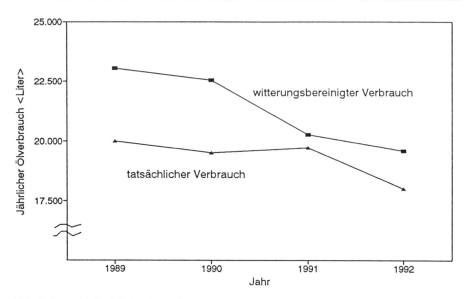

Abb. 3-1: Beispiel für den Effekt der Witterungsbereinigung für die Beurteilung des Heizenergieverbrauchs

Wo kann ich die für die Witterungsbereinigung nötigen klimatischen Daten (Heizgradtage) erhalten?

Die Heizgradtage sind u.a. über den Deutschen Wetterdienst und seine Ämter erhältlich, die die amtlichen Messungen durchführen (Anschrift s. Anhang: Institutionen). Hier muß für die Daten üblicherweise eine Gebühr entrichtet werden.

Eine andere Quelle stellen eventuell Energieversorgungsunternehmen dar, denn viele Versorger führen eigene, kontinuierliche Außenlufttemperaturmessungen durch. Dort sollte man sich dann aber durch Nachfragen vergewissern, welche langjährigen Mittel und Grenztemperaturen für die Heiz- oder Gradtagzahlen herangezogen werden (s. Ausführungen im Anhang zur Witterungsbereinigung). Hier gibt es gelegentlich selbstgebastelte „Standards".

Sollten die Heizgradtage für einen bestimmten Ort bei diesen Institutionen nicht vorliegen, so sind die Werte eines naheliegenden Ortes zu wählen, der ähnliche klimatische Bedingungen aufweist.

3.1.3 Verbrauchsauswertung

Bei der Auswertung der Verbrauchsdaten kann man grob zwei Auswertungsebenen unterscheiden:

1. Gebäudeweise Auswertung
2. Aggregierte Auswertung für eine Gruppe von Gebäuden oder alle Gebäude

Gebäudeweise Auswertung

Bei der Auswertung auf der Ebene einzelner Gebäude geht es vornehmlich um das frühzeitige Aufdecken von unerwünschten Verbrauchssteigerungen sowie um die Erfolgskontrolle einzelner Sparmaßnahmen. Deshalb muß die Auswertung auf dieser Ebene direkt im Anschluß an die Erfassung erfolgen, um Abweichungen vom Vormonat (oder vom gleichen Monat des Vorjahres) schnell registrieren zu können.

Ungewöhnliche Verbrauchssteigerungen werden z.B. von den Personen, die die Zählerstände vor Ort notieren, mit einiger Erfahrung schnell erkannt. Damit ist ein frühes Aufdecken von groben Fehlern bei den Anlagen oder der Nutzung möglich. Die kontinuierliche Auswertung durch den Energiebeauftragten läßt nach der Witterungsbereinigung auch kleinere Schwankungen und Tendenzen im Verbrauch erkennen.

Aggregierte Auswertung

Für die Berichterstellung im Energiemanagement sind zudem aggregierte Betrachtungen über einzelne Gruppen von Gebäuden (z.B. alle Schulen) sowie über die Gebäude in ihrer Gesamtheit von großer Bedeutung. Schließlich ist hierauf ja das Ziel der Arbeit gerichtet. Erst durch die aggregierte Betrachtung kann das Energiemanagement verdeutlichen, daß es nicht nur bei Einzelobjekten Erfolge erzielt, sondern über alle Gebäude hinweg. Zu diesem Zweck ist eine jährliche Auswertung und Darstellung für die Berichterstellung ausreichend (vgl. Kap. 3.8.3).

Bei der aggregierten Auswertung muß zudem deutlich werden, welche Effekte auf Veränderungen im Gebäudebestand zurückzuführen sind. Zubau, Erweiterung oder Abriß von Gebäuden haben natürlich auch Auswirkungen auf den absoluten Energieverbrauch. Die hierdurch verursachten Veränderungen, die nicht im Einflußbereich des Energiemanagements stehen, müssen zur richtigen Einschätzung der Entwicklung entsprechend dokumentiert werden.

In einer Untersuchung von /Alt 1995/ konnte nur etwa ein Drittel der kleinen und mittelgroßen Kommunen in Nordrhein-Westfalen und Baden-Württemberg, die einen Fragebogen zum Thema Energiemanagement ausfüllten, Aussagen zum aggregierten Verbrauch ihrer Liegenschaften machen. Da jedoch nur etwa 20% der angeschriebenen Kommunen die Anfrage überhaupt beantworteten, ist es sogar sehr wahrscheinlich, daß mehr als zwei Drittel der Städte darüber keine Aussage machen können[3].

3.2 Gebäudeanalysen

Als Grundlage für die Erarbeitung einer Einsparstrategie müssen die verwalteten Gebäude zunächst analysiert werden. Hierbei unterscheidet man verschiedene Stufen der Analyse:

- Die Ermittlung grundlegender **Gebäudedaten** (Stammdaten) und der **Energiekennwerte** zählen zu den ersten Schritten des Energiemanagements, die eine Übersicht und Schwerpunktbildung erlauben sollen.

- In den sich anschließenden **Grob-** bzw. **Feindiagnosen** werden einzelne Gebäude genauer betrachtet, um gezielt Einsparmaßnahmen planen und einleiten zu können.

3.2.1 Erfassung wichtiger Gebäudedaten

Um einen ersten Überblick über die Gebäude zu erhalten, müssen zumindest folgende Daten für jedes Gebäude erhoben werden, die im diesem Abschnitt teilweise näher erläutert werden:

---

[3] Diese Vermutung wird durch die Ergebnisse der bundesweiten Umfrage von Römer unterstützt (vgl. Kap. 8).

3 Aufgaben des Energiemanagements

- Name und Anschrift des Gebäudes
- Nutzungsart
- Baujahr
- Energiebezugsfläche
- Heizungssystem (Energieträger, Kesselart, installierte Leistung, Baujahr, Art der Warmwasserbereitung)
- jährlicher Heizenergie-, Strom- und Wasserverbrauch der letzten drei Jahre
- Energiekosten der letzten drei Jahre
- Zählernummern (für Strom, Gas, Fernwärme, Wasser)
- Name und Telefonnummer des Betriebspersonals vor Ort (z.B. Hausmeister)
- Name, Anschrift und Telefonnummer der Wartungsfirma für die Heizung

Die hauptsächliche **Nutzungsart** eines Gebäudes wird festgehalten, um Gebäude später besser miteinander vergleichen zu können (mittels der Energiekennwerte). Eine Sporthalle und ein Verwaltungsgebäude besitzen aufgrund der unterschiedlichen Nutzung und der andersartigen Ausstattung mit Geräten und Anlagen deutlich verschiedene Ausgangsvoraussetzungen für die Beurteilung des Energieverbrauchs. Häufig vorzufindende Nutzungsarten sind zum Beispiel:

Schule, Verwaltung, Kindergarten, Turn- oder Sporthalle, Betriebsgebäude, Schwimmhalle, Wohnheim, Einfamilienhaus, Mehrfamilienhaus, Feuerwehr, Krankenhaus, Gemeinschaftshaus, Museum, Rechenzentrum.

Auch innerhalb der aufgezählten Nutzungsarten können Differenzierungen nötig sein, um sinnvolle Vergleiche zu ermöglichen. Dies gilt z.B. für Berufs- und freiwillige Feuerwehr, da letztere im allgemeinen aufgrund einer geringeren Nutzungszeit andere Rahmenbedingungen des Energieverbrauchs aufweist.

Eine einheitliche Systematik für die Nutzungsarten, die sich bundesweit im Energiemanagement durchgesetzt hätte, existiert bisher nicht. In manchen Bundesländern gibt es jedoch Versuche, durch eine Vorgabe die Grundlage für eine vergleichbare Datenbasis zu schaffen (z.B. in Hessen über die Bauwerkszuordnung BWZ). Einen Vorschlag macht auch die VDI-Richtlinie 3807, Blatt 2 /VDI 1994/. Ansonsten sollte zumindest zwischen den oben aufgeführten Nutzungsarten unterschieden werden.

Das **Baujahr** der Gebäude ist von Bedeutung, da hierüber später evtl. Rückschlüsse auf die Bausubstanz und damit den Wärmeschutz möglich sind, falls Unterlagen hierzu fehlen. Zudem erlaubt diese Angabe erste Abschätzungen über anstehende Sanierungsarbeiten.

Als wesentlicher Parameter zur Charakterisierung der Größe eines Gebäudes wird die sogenannte **Energiebezugsfläche** festgehalten. Sie orientiert sich überwiegend an der Nutz-, Wohn- oder Grundfläche und dient später zudem der Ermittlung der für Vergleiche wichtigen Energiekennwerte (vgl. Kap. 3.2.2).

Für die meisten Nutzungsarten sollte die Energiebezugsfläche nach der VDI-Richtlinie 3807 bestimmt werden. Die Bezugsfläche ist danach die Summe aller beheizbaren Bruttogeschoßflächen[4] eines Gebäudes. Die Bezugsflächen werden nach den Außenmaßen der Geschosse ermittelt. Dabei bleiben unbeheizte Lagerräume, Balkone, Terrassen und andere Anlagen, für die kein oder nur geringfügiger Energieverbrauch anfällt, unberücksichtigt /VDI 1994, Blatt 1, Seite 5/.

Wenn andere Energiebezugsflächen gewählt werden (Wohnflächen, Nettogrund-, Hauptnutzflächen, etc.), ist dies ausdrücklich zu erwähnen. Für Vergleiche mit Kennwerten, die auf anderen Energiebezugsflächen beruhen, kann eine Umrechnung auf die Bruttogeschoßfläche anhand von Faktoren aus der VDI 3807 erfolgen.

Nur bei wenigen Gebäudenutzungsarten werden andere Energiebezugsflächen gewählt. So zum Beispiel bei Hallenbädern, bei denen sich die Wasseroberfläche der beheizten Becken als eine sinnvollere Bezugsgröße herausgestellt hat. Die Reinigungsflächen sind i.a. als Energiebezugsfläche nicht geeignet, da hier Flächenanteile wie zum Beispiel gekachelte Wände einfließen können, die keinen sinnvollen Bezug für den Energieverbrauch darstellen.

---

[4] In der VDI 3807 als Bruttogrundfläche bezeichnet. Die Wahl der Bruttogrundflächen als Energiebezugsfläche bietet den Vorteil einer einfacheren Ermittlung der Bezugsfläche. Für Vergleiche aussagefähiger ist jedoch die Nettogrundfläche, die um die von den Wänden beanspruchte Grundfläche bereinigt ist, deren Erhebung aber komplizierter ist.

Neben den wichtigsten Angaben zum **Heizungssystem und der Brauchwassererwärmung** müssen auch der **Energieverbrauch sowie die Verbrauchskosten** mindestens der letzten drei Jahre ermittelt werden. Durch diese Angaben lassen sich häufig schon erste Anhaltspunkte gewinnen, wie dringlich eine detailliertere Analyse des Gebäudes ist.

Die Aufnahme der **vorhandenen Zählerstruktur** bereitet die Energieverbrauchserfassung vor. Zudem sollten **Namen und Telefonnummern von Hausmeistern und Wartungsfirmen** festgehalten werden, um in dringenden Fällen eine schnelle Kommunikation zu gewährleisten.

Für solche Gebäudedaten sind in EDV-Programmen zur Energiemanagement-Unterstützung vorgegebene Formulare integriert (vgl. Kap. 4.1). Teilweise reichen die Eingabemöglichkeiten weit über die hier angegebenen Stammdaten hinaus. So lassen sich beispielsweise als Grundlage für weitere Analysen auch Flächen und k-Werte[5] der Gebäudehülle, die Ausstattung mit Elektrogeräten und viele weitere Daten eingeben. Ein solcher Detaillierungsgrad muß jedoch noch nicht in der ersten Phase des Energiemanagements erreicht werden, in der es ja zunächst um eine Übersicht geht. Hier ist der Übergang zu den später beschriebenen Gebäudediagnosen fließend.

Der zeitliche Aufwand für die Erhebung der beschriebenen Daten wird vielfach unterschätzt. Auch wenn es sich nur um wenige Angaben handelt, ist ihre Zusammenstellung zumeist mit viel Arbeit verbunden: Vollständige, aktuelle Unterlagen über die Gebäude liegen bei den zuständigen Stellen nur in den seltensten Fällen vor. Der Jahresenergieverbrauch muß aus Rechnungen herausgesucht werden, alte Pläne müssen auf ihre Aktualität hin vor Ort überprüft werden, Typenschilder fehlen an alten Anlagen etc. Zudem steht diese Arbeit typischerweise am Anfang der Einführung des Energiemanagements, so daß noch viele Erfahrungen über die Verteilung und mögliche Fehlerquellen der Daten gesammelt werden müssen. Deshalb muß anfangs pro Gebäude mit zwei bis drei Tagen für die vollständige Sammlung der oben beschriebenen Daten gerechnet werden.

---

[5] Der k-Wert beschreibt die Qualität der Dämmung eines Bauteils: je kleiner der k-Wert, desto besser ist die Wärmedämmung.

3.2.2 Ermittlung von Energiekennwerten

Ziele und Anwendungsmöglichkeiten

Die Angabe des Energieverbrauchs eines Gebäudes erlaubt zunächst keine Beurteilung, ob hier die Energie sparsam oder verschwenderisch eingesetzt wird. Ist ein Verbrauch von 10.000 Litern Heizöl pro Jahr viel oder wenig? Erst durch den Bezug auf entscheidende Einflußgrößen werden Vergleiche ermöglicht. Für einen Vergleich von Kraftfahrzeugen hat sich zum Beispiel die Angabe der verbrauchten Liter Treibstoff pro 100 Kilometer als sinnvoller Energiekennwert herausgestellt. Im Gebäudebereich werden **Energiekennwerte dargestellt als jährlicher Energieverbrauch bezogen auf die Energiebezugsfläche.**

Bei einem sinnvoll definierten Energiekennwert ergeben sich folgende Anwendungsmöglichkeiten (nach /VDI 1994/):

- überschlägige Beurteilung des Energieverbrauchs von Gebäuden
- Vergleichsmöglichkeiten von Gebäuden gleicher Art und Nutzung
- Auswahlkriterium für weitergehende Untersuchungen
- Periodische Beurteilung des energetischen Verhaltens eines Gebäudes (trotz baulicher Veränderungen)
- Instrument der Betriebsführung und -überwachung
- Kontrolle durchgeführter Energiesparmaßnahmen
- Richtwert und Vorgabe für Planungen von Neu- und Umbauten sowie Sanierungen
- Mittel zur Folgekostenberechnung

Wie die Energiekennwerte berechnet werden, wird im folgenden für Heizenergie und Strom erläutert. Danach folgen Beispiele für ihre Anwendungsmöglichkeiten.

Berechnung des Heizenergieverbrauchskennwerts

In den Heizenergieverbrauchskennwert e_{VH} sollte außer dem Verbrauch für die Raumheizung auch der Verbrauch für die Warmwasserbereitung einfließen. Dies ist bei einer an die Zentralheizung gekoppelten Warmwasserbereitung problemlos möglich. Wenn diese jedoch gesondert mittels Strom erfolgt und nicht separat ausgewiesen werden kann, muß das beim Kennwert entsprechend vermerkt werden.

Nach der Umrechnung der verbrauchten Energieträgermengen auf die Energieeinheit Kilowattstunde (kWh) und der Witterungsbereinigung ergibt sich aus dem jährlichen Heizenergieverbrauch und der Energiebezugsfläche der Heizenergieverbrauchskennwert:

$$e_{VH} = \frac{E_{VH}}{A_E}$$

mit

e_{VH} Heizenergieverbrauchskennwert in kWh/(m²a)
E_{VH} witterungskorrigierter Heizenergieverbrauch in Kilowattstunden pro Jahr (kWh/a)
A_E Energiebezugsfläche in Quadratmetern (m²)

Berechnung des Stromverbrauchskennwerts

Analog zum Heizenergieverbrauchskennwert wird der Stromverbrauchskennwert gebildet. Es sollte hier ausschließlich der Stromverbrauch herangezogen werden, der nicht für die Raumheizung oder Warmwasserbereitung eingesetzt wird. Andernfalls muß das beim Kennwert angegeben werden.

$$e_{VS} = \frac{E_{VS}}{A_E}$$

mit

e_{VS} Stromverbrauchskennwert in kWh/(m²a)
E_{VS} Stromverbrauch in Kilowattstunden pro Jahr (kWh/a)
A_E Energiebezugsfläche in Quadratmetern (m²)

Da der Strom für eine Vielzahl von Anwendungen eingesetzt wird (Licht, Kraft, EDV etc.), die nicht alle eine so starke Abhängigkeit von der Energiebezugsfläche besitzen wie die Heizung, bietet dieser Stromverbrauchskennwert nur einen sehr groben Anhaltspunkt für eine Bewertung. Ein Bezug auf andere Größen als die Energiebezugsfläche (z.B. Personenzahl, Anzahl von Fahrstuhlfahrten, Anzahl Computer etc.) ist aber nur in wenigen Fällen möglich (vgl. /HMUEB 1994a/ mit Angaben zu anderen Bezugsgrößen).

Anwendungsbeispiele

Mit den Energiekennwerten ist es nun möglich, **Gebäude gleicher Art und Nutzung zu vergleichen**[6]. *So können zum Beispiel alle Schulen einer Stadt betrachtet werden, um eine* **Prioritätenliste** *zu erhalten: Die Gebäude mit den höchsten Kennwerten werden danach in weiteren Schritten detaillierter analysiert, um die Ursachen für den hohen Verbrauch zu ermitteln. Dort können große Einsparpotentiale erwartet werden.*

Auch ein **Vergleich mit Gebäuden aus anderen Städten** *wird ermöglicht. Hierdurch wird die* **Beurteilung auf eine breitere Basis** *gestellt. Anhaltspunkte für solche Vergleiche bieten u.a. Energieverbrauchskennwerte, die im Anhang dargestellt sind.*

Zudem lassen sich Kennwerte **für Neubauplanungen und Sanierungen als Richtwerte** *vorgeben. In der Schweiz wurden Zielwerte sogar in einer landesweit gültigen Norm vorgeschrieben. Die in der Tab. 3-3 dargestellten Zielwerte basieren auf dieser Schweizer Empfehlung, sind jedoch um 10% niedriger angesetzt, um dem in der Bundesrepublik im Vergleich zur Schweiz wärmeren Klima Rechnung zu tragen.*

---

[6] Der Vergleich von unterschiedlichen Gebäuden mittels der Heizenergieverbrauchskennzahl setzt vergleichbare Geschoßhöhen voraus.

3 Aufgaben des Energiemanagements   49

*Durch einen Vergleich der eigenen Kennwerte mit den **Zielwerten aus der Tab. 3-3** wird zudem eine grobe Abschätzung des langfristig realisierbaren Einsparpotentials möglich.*

Tab. 3-3: Heizenergiekennwerte: Zielwerte für Sanierungen und Neubauten; Werte gerundet (*: ohne gekoppelte Warmwasserbereitung); in Anlehnung an: Schweizer Norm Bauwesen SIA 380/1 /SIA 1988/; Werte für Mehrfamilienhäuser aus /ifeu 1994/

Nutzungsart	Sanierung kWh/m^2a	Neubau kWh/m^2a
Schulen	95	75
Ein-/Zweifamilienhäuser	135	100
Kindergärten	95	70
Verwaltungen	90*	65*
Betriebsgebäude	90*	55*
Feuerwehren	90*	55*
Mehrfamilienhäuser, Heime	100	70
Krankenhäuser	165	125

*Schließlich erlauben die Kennwerte, die Verbrauchsentwicklung von Gebäuden **auch nach Umbauten** kontinuierlich weiter zu bewerten, insbesondere nach Vergrößerung oder Verkleinerung der Energiebezugsflächen. Der neue Verbrauch nach einem solchen Umbau wird auf die neue Bezugsfläche bezogen.*

Eine vertiefende Betrachtung zu Einflußgrößen auf und Grenzen von Energiekennwerten findet man in /BINE 1991/. In /AGES 1996/ sind die Ergebnisse einer bundesweiten[7] Erhebung dargestellt, die die Energiekennwerte kommunaler Gebäude Anfang der 90er Jahre untersuchte.

---

[7] Für die alten Bundesländer

3.2.3 Grobdiagnose

Nach der Aufstellung einer Gebäudeübersicht und einer Prioritätenliste (vgl. Kap. 3.3.1) werden die am schlechtesten beurteilten Gebäude einer Grobdiagnose unterzogen. Dabei versucht der Energiebeauftragte bei einer Begehung des Gebäudes, die wichtigsten Ursachen für den vergleichsweise hohen Verbrauch vor Ort zu ermitteln. Mit Hilfe von Checklisten werden organisatorische Maßnahmen, die Anlagentechnik und die Gebäudesubstanz untersucht. Wichtige Punkte sind in einer Beispielchecklimittels im Anhang aufgeführt. Ausführlichere Checklisten findet man in /NRW 1993/.

Eine wichtige Informationsquelle stellen die Anlagenbetreuer (Hausmeister) und Nutzer dar. In Gesprächen mit ihnen lassen sich häufig Hinweise auf Optimierungen erhalten.

In einer Schule erwähnte der Hausmeister bei einer Begehung nebenbei, daß nur wenige Schüler die Duschen benutzten. Die drei elektrisch beheizten, schlecht gedämmten Boiler verursachten jährliche Stromkosten von 900 DM. Als Konsequenz wurden zwei Boiler versuchsweise stillgelegt und der dritte besser gedämmt. Diese Lösung reichte für den verbliebenen Warmwasserbedarf aus. Die Stromkosten hierfür sanken auf 150 DM jährlich.

Wie dieses Beispiel zeigt, lassen sich durch Grobdiagnosen häufig schnelle Einsparerfolge erzielen, für die keine oder nur geringe Investitionen nötig sind. Diese Diagnosen sollten etwa jährlich als Mittel der Betriebsführung wiederholt werden, um Veränderungen, insbesondere der Nutzung und Regelungseinstellungen, berücksichtigen zu können.

3.2.4 Feindiagnose

Eine Grobdiagnose durch eine Gebäudebegehung kann auf Einsparmöglichkeiten hinweisen, von denen einige schnell umsetzbar sind, andere jedoch größere Investitionen erfordern. Jedoch läßt sich nicht alles vor Ort erkennen. Auch eine Abschätzung der zu erwartenden Einsparung ist nicht immer durchführbar. Deshalb müssen in einem weiteren Schritt den Grob- die Feindiagnosen folgen. Bei

3 Aufgaben des Energiemanagements

welchen Gebäuden diese Feindiagnosen durchgeführt werden, hängt von den Ergebnissen der Grobdiagnosen sowie der Prioritätenliste ab.

Im Rahmen der Feindiagnosen müssen Pläne und Anleitungen (z.B. für Heizungsregelungen) zusammengestellt sowie evtl. Messungen und Berechnungen durchgeführt werden. Häufig dauert allein die Zusammenstellung der Ausgangsdaten relativ lange (mehrere Wochen). Denn leider liegen in den seltensten Fällen aktuelle Pläne oder Listen vor, so daß ausführliche Recherchen vor Ort, bei den zuständigen Heizungsinstallateuren, in Archiven etc. nötig sind.

Beispielsweise sind in alten Bauakten selten Informationen über den genauen Bauteilaufbau und damit die Dämmeigenschaften enthalten. Zudem wurden die Akten nach Umbauten meistens nicht aktualisiert.

Außerdem müssen für Investitionen die Kosten abgeschätzt und die zu erwartenden Einsparungen quantifiziert werden, um u.a. Aussagen über die Wirtschaftlichkeit zu erhalten.

Im Idealfall sollte eine Feindiagnose für alle energetisch wichtigen Bereiche (Raumheizung, Warmwasserbereitung, Beleuchtung, etc.) eines Gebäudes frühzeitig erstellt und daraus langfristige Sanierungspläne entwickelt werden. Falls man die Untersuchungen für Teilbereiche erst einleitet, wenn der Sanierungsbedarf akut ist, besteht die große Gefahr, daß die Ergebnisse zu spät vorliegen, um bei der Ausführung berücksichtigt werden zu können (vgl. Kap. 3.3.2).

Der Energiebeauftragte wird solche Feindiagnosen nur selten selbst durchführen. Viel häufiger werden sie von externen Beratungsbüros oder, wenn möglich, in Zusammenarbeit mit Mitarbeitern der Verwaltung (z.B. aus dem Hochbauamt) erarbeitet. Die Kosten für die Erstellung von Feindiagnosen durch externe Büros beginnen bei etwa 5.000 DM pro Gebäude und hängen stark vom Umfang der Untersuchung sowie der Art und Größe des Gebäudes ab. Die Aufgaben des Energiebeauftragten bestehen hierbei darin,

- vorzuschlagen oder zu entscheiden, welche Feindiagnosen von wem und bis wann zu erstellen sind,

- die Bewertungskriterien genau vorzugeben, um sinnvolle und vergleichbare Ergebnisse zu bekommen (z.B. Methode und Rahmenbedingungen der Wirtschaftlichkeitsberechnung: Einsparkosten, Mehrkostenansatz, Zinssatz etc.; Methode der Emissionsberechnung; vgl. Kap. 4.4 und 4.5),

- die nötigen Gebäudedaten für die Diagnosen zusammenzutragen,
- die Ergebnisse der Diagnosen auszuwerten (z.B. für Energieberichte)
- und Planungen für eine Umsetzung der daraus resultierenden Vorschläge zu erstellen.

3.3 Planung von Einsparmaßnahmen

Zum Aufgabenbereich Planen gehören folgende Teilaufgaben:
- Erstellung von Prioritätenlisten
- Sanierungsplanung
- Finanzierungsplanung
- Beratung bei Neubauplanung.

3.3.1 Erstellung von Prioritätenlisten

In welcher Reihenfolge sollen nun welche Maßnahmen an welchen Gebäuden durchgeführt werden? Die Antwort auf diese Frage hängt in der Praxis von einer Vielzahl von Kriterien und ihrer Gewichtung ab: Sanierungsbedarf, Wirtschaftlichkeit, Finanzbudget, Umweltentlastung etc.

Bei der Aufstellung einer **Prioritätenliste für die zu untersuchenden Gebäude** sind in jedem Fall der absolute Verbrauch, die Energiekennwerte und der anstehende Umbau- bzw. Sanierungsbedarf die wichtigsten Faktoren. Hohe Energiekennwerte bei großen Verbrauchern deuten auf ein großes Einsparpotential hin, das im Rahmen von Sanierungen vielfach wirtschaftlich erschließbar ist (vgl. Ausführungen zur Mehrkostenbetrachtung im Kap. 4.3 bzw. im Anhang).

Nach Erstellung von Gebäudediagnosen für mehrere Gebäude stellt sich die Frage, in welcher **Reihenfolge organisatorische, anlagen- und bautechnische**

Maßnahmen zu ergreifen sind. Zunächst wird man die Umsetzung organisatorischer Vorschläge angehen, weil hier ohne Investitionen Einsparungen erreicht werden. Bei investiven Maßnahmen in der Anlagen- und Bautechnik sollte eine kurze Amortisationszeit nicht das einzige Kriterium darstellen. Ansonsten würden langfristig wirtschaftliche Maßnahmen wie die wichtige Außenwanddämmung für unbestimmte Zeit zurückgestellt, weil u.U. der einzig sinnvolle Zeitpunkt ihrer Anbringung (bei der Sanierung der Fassade) verpaßt wird. Deshalb sollte eine Mischung aus kurz-, mittel- und langfristig wirtschaftlichen Maßnahmen realisiert werden, die in ihrer Gesamtheit zu allgemein akzeptablen Amortisationszeiten führen.

3.3.2 Instandsetzungs- und Sanierungsplanung

Viele größere investive Energiesparmaßnahmen sind nur im Rahmen einer ohnehin anstehenden Sanierung wirtschaftlich ausführbar (z.B. Außenwanddämmung, Wärmeschutzglas). Da Sanierungen in sehr großen Zeitabständen erfolgen, wirkt sich eine nicht optimal ausgeführte Maßnahme auf mehrere Jahrzehnte ungünstig aus (z.B. nur Verputzen statt Dämmen der Außenwand).

Aus diesem Grund muß für die wichtigsten energierelevanten Anlagen und Bauteile eines Gebäudes ein Sanierungsplan erarbeitet werden. Der Energiebeauftragte bringt hierzu die Ergebnisse aus den Gebäudeanalysen frühzeitig in die allgemeine Sanierungsplanung mit ein. Unter Berücksichtigung der ausgearbeiteten Prioritätenliste werden die vorgeschlagenen Energiesparmaßnahmen dann in diese Planung integriert.

Tab. 3-4: Sanierungsplan einer Schule (Beispiel)

Zeitraum 1995-1996	Zeitraum 1997-1999	Zeitraum 2000-2004
Sanierung der Einfach-Fenster (neu: Wärmeschutzglas) Ausbau des Kellers	Dämmung des Dachbodens Sanierung des Flachdaches am Neubau Turnhallen-Sanierung (Dach)	Sanierung der Beleuchtung in den Klassenzimmern Erneuerung der Heizzentrale (inkl. Regelung und Dämmung)

Woher ist bekannt, **wann die nächste Sanierung ansteht?** Im kommunalen Hochbauamt wissen die zuständigen Bearbeiter zumeist gut über anstehende Arbeiten an ihren Gebäuden Bescheid und können Auskunft geben. Aber auch der Augenschein bei einer Gebäudebegehung hilft weiter.

Eine andere, **systematische Abschätzung** kann überschlägig mit Hilfe der sogenannten **mittleren Ersatzzeiträume** von Bauteilen erhalten werden. Diese Werte basieren auf Erfahrungswerten aus der Praxis. Für einige Anlagen und Bauteile sind sie in der folgenden Tab. 3-5 wiedergegeben.

Tab. 3-5: Mittlere Ersatzzeiträume [Quellen: 1) /VDI 1995, Blatt 1/; 2) /HMUE 1995/; 3) /IWU 1990/]

Bauteil/Anlage	mittlere Ersatzzeiträume in Jahren	Quelle
Gebäude:		
Steildach von außen	50	3)
Flachdach-Warmdach	25	3)
Flachdach-Kaltdach	20	3)
Außendämmung Außenwand	40	3)
Innendämmung Außenwand	20	3)
Erdgeschoßfußboden	50	3)
Fenster	15 bis 30	3)
Heizung:		
Kesselanlage	20	1)
Rohrleitung mit Isolierung	40	1)
Umwälzpumpen, Armaturen	10	1)
Regelung	12	1)
elektr. Speicher- und Direktheizgeräte	20	1)
Beleuchtungsanlagen	15	2)
Lüftungsanlage	15	2)

3.3.3 Finanzierungsplanung

Die oben erläuterte, langfristige Sanierungsplanung stellt eine wichtige Basis dar, um frühzeitig zu wissen, wann welche Kosten für Energiesparmaßnahmen anfallen. Hierauf muß die Finanzierungsplanung aufbauen. Investitionen in Energiesparmaßnahmen sind jedoch zunächst Kosten, die gegenüber dem bisherigen Finanzetat zumeist nicht eingeplante Zusatzkosten darstellen. Energiebeauftragte bekommen üblicherweise kein so hohes Budget eingeräumt, um alle wünschenswerten Maßnahmen daraus finanzieren zu können. Woher soll das Geld also kommen?

Bisher versuchen Energiebeauftragte zumeist, diese benötigten Mittel über die normale Haushaltsplanung jährlich mit einzufordern. Das ist jedoch ein sehr mühsamer und häufig frustrierender Weg, der durch vielerlei Hemmnisse erschwert wird (knappe Kassen, Trennung von Verwaltungs- und Vermögenshaushalt, keine annuitätische Betrachtung, kein ausreichend wirtschaftliches Denken; vgl. hierzu die vertiefenden Ausführungen in Kap. 12).

Aus diesem Grund erproben Verwaltungen zunehmend neue Organisationsformen zur Finanzierung von Energiesparinvestitionen, von denen im TEIL III dieses Buches einige vorgestellt werden. Die Planung solcher neuen Finanzierungsmodelle zählt mit zu den Aufgaben des Energiemanagements.

Zusätzlich zur zeitlichen und organisatorischen Planung der Finanzierung kann sich der Energiebeauftragte aber auch um weitere Finanzierungsquellen kümmern. Hierzu zählen z.B. die Inanspruchnahme von Förderungsmitteln der Länder oder gelegentlich auch der Energieversorger. Wichtige Ansprechpartner zu Finanzierungsfragen sind in manchen Bundesländern die Energieagenturen (s. Anhang: Energieagenturen).

3.3.4 Beratung bei Neubauplanung

Neben der Optimierung des Energieverbrauchs bei bestehenden Gebäuden sollte sich der Energiebeauftragte auch um eine energetisch optimale Planung und Ausführung bei neu zu errichtenden Gebäuden kümmern. Schließlich bestehen gerade zum Zeitpunkt der Planung eines Gebäudes die größten Chancen, mit wenig Aufwand sehr gute Ergebnisse zu erzielen. Insbesondere sollten Anforderungen an den Energieverbrauch auch bei Ausschreibungen und Wettbewerben als Kriterien einfließen.

Beispielsweise sollte im Raumwärmebereich ein deutlich besserer Standard angestrebt werden, als die Wärmeschutzverordnung des Jahres 1995 vorgibt. Wenn die Ziele dieser Verordnung gerade eben erfüllt werden, führt dies zu wirtschaftlich suboptimalen Ergebnissen. In Hessen gibt es deshalb schon seit einigen Jahren weitergehende Vorgaben sowie ein dazugehöriges Planungsinstrument /HMUE 1995/.

3.4 Betriebsführung von Anlagen

Zur Betriebsführung der Anlagen eines Gebäudes gehören im Zusammenhang mit dem Energiemanagement unter anderem folgende wichtige Aufgaben:

- Regelungseinstellungen der Heizungsanlagen
- Überwachung von Raumtemperaturen
- Wartung und Instandhaltung von Anlagen
- Stördienst
- Beratung und Kontrolle des Betriebspersonals

Umfangreiche Prüflisten zur Betriebsüberwachung wurden von der Staatlichen Bauverwaltung in Nordrhein-Westfalen entwickelt /NRW 1993/ (s. auch Kap. 3.2 und im Anhang: Begehungscheckliste)

Warum stellt die optimale Betriebsführung im Zusammenhang mit der Verbrauchskontrolle eines der wichtigsten Instrumente des Energiemanagements dar?

1. Es lassen sich gegenüber einem Ausgangszustand ohne ein Energiemanagement relativ hohe Einsparungen ohne große Investitionen realisieren, weil z.B. Regelungen ohne Betreuung nicht optimal eingestellt sind oder gar nicht funktionieren.

2. Die optimale Betriebsführung stellt eine Daueraufgabe dar, da ohne Kontrollen und Anpassungen auf diesem Gebiet die Energieverbräuche wieder ansteigen (vgl. Kap. 5.5).

3. Auch im Zusammenhang mit investiven Maßnahmen zur Energieeinsparung an Gebäuden bietet die Betriebsführung der Anlagen eine wichtige Stütze, damit berechnete Einsparungen tatsächlich eintreten. So ist zum Beispiel direkt nach Einbau eines neuen Heizungskessels in den seltensten Fällen eine optimale „Fahrweise" eingestellt. Erst die kontinuierliche Beobachtung und Optimierung wichtiger Parameter des Gesamtsystems führt zu den möglichen Einsparungen.

Die oben aufgeführten Teilaufgaben der Betriebsführung sind im folgenden näher beschrieben.

3.4.1 Regelungseinstellungen der Heizungsanlagen

Wie oben bereits erwähnt, sind die Regelungen von Heizungsanlagen im Normalfall ohne eine geschulte Betreuung falsch eingestellt. Es wird bisher fälschlicherweise davon ausgegangen, daß

1. die Regelung nach der Installation der Anlage optimal angepaßt wurde, oder

2. daß ansonsten der Hausmeister sich schon darum kümmern wird.

Zum ersten Punkt ist zu sagen, daß es ohne die Kenntnisse vieler Rahmenbedingungen eines Gebäudes den Monteuren häufig unmöglich ist, in der kurzen Zeit, die für die Installation einer neuen Anlage oder einer Regelung angesetzt wird, die energiesparendste Einstellung zu wählen. Es ist daher oft einfacher, die Einstellung so vorzunehmen, daß sich hinterher niemand beschwert, also niemand frieren muß. Dies führt dann zum Beispiel dazu, daß die Heizung die eine oder andere Stunde früher heizt und später ausschaltet, als es möglich wäre.

Zweitens haben die Hausmeister oft zuwenig Einweisung in die Technik erhalten, um gezielt eingreifen zu können, oder sie haben nicht genug Zeit. Zudem handeln sie häufig wie die Monteure bei der Installation. Ausnahmen bestätigen hier wie auch überall sonst die Regel.

Hierzu ein Beispiel: Ein Jahr nach dem Einbau einer modernen, computergesteuerten Regelungsanlage einer größeren Schule verstarb der Hausmeister. Sein Nachfolger erhielt keine Einweisung in die komplizierte Anlage. Eine Anleitung, die er verstanden hätte, existierte nicht. Bei einer Begehung im Rahmen einer Gebäudeanalyse durch externe Gutachter stellte sich heraus, daß die vielfältigen Möglichkeiten zur Anpassung der verschiedenen Heizkreise an die Nutzung der Schultrakte überhaupt nicht genutzt wurden. Alle Gebäudeteile wurden gleichmäßig bis 22 Uhr voll beheizt, obwohl dies nur für die Turnhalle nötig gewesen wäre. Die restlichen Gebäudeteile hätten schon ab 14 Uhr mit einer abgesenkten Temperatur beheizt werden können. Geschätzte Einsparung allein hierdurch: 12%.

Die Vermittlung des technischen Wissens zur Optimierung von Heizungsregelungen ist jedoch nicht Gegenstand dieses Buches. Deshalb sei an dieser Stelle auf Fortbildungsangebote hingewiesen, zu denen Anschriften im Anhang (Institutionen) zu finden sind. **Beim Energiemanagement geht es vielmehr darum,**

- festzulegen, wer tatsächlich für die Einstellung der Regelung zuständig ist,
- allgemeine Vorgaben für Regelungseinstellungen zu erstellen (vgl. Beispiel in Kap. 5.3),
- die Kontrollen der Einstellungen durchzuführen,
- sowie Qualifizierungsmaßnahmen für das Betriebspersonal zu organisieren.

3.4.2 Überwachung von Raumtemperaturen

Eine besondere Bedeutung bei der Betriebsführung der Gebäude kommt der Einhaltung der zulässigen Raumtemperatur zu, da eine Überschreitung dieses Wertes um nur 1°C im Verlauf eines Jahres einen Energiemehrverbrauch von durchschnittlich 6% zur Folge hat.

Für typische Nutzungen sind grundsätzlich erst einmal Raumtemperaturen vorzugeben. Der Verantwortliche für den Gebäudebetrieb sollte für jeden Heizkreis einen Testraum mit normaler Nutzung auswählen, mit einem geeichten Thermometer regelmäßig die Raumtemperatur messen und in eine Kontrolliste eintragen. Diese Listen werden regelmäßig an den Energiebeauftragten weitergeleitet, der die Angaben mit den Sollwerten vergleicht und gelegentlich vor Ort Stichproben durchführt (vgl. Anhang: Vorgaben für Raumtemperaturen).

Beispielsweise sind die Flurtemperaturen in den Schulen häufig sehr viel höher als nötig. In solchen Fällen bietet es sich an, eine Anzahl von Heizkörpern in den Fluren ganz vom Heizkreis zu trennen oder die Regelventile fest zuzusperren.

3.4.3 Wartung und Instandhaltung von Anlagen

Die Anlagenwartung und -instandhaltung sollen vom Energiebeauftragten zentral organisiert werden. Soweit es die Voraussetzungen (Qualifikation und Zeitbedarf) zulassen, ist dabei folgende Prioritätenliste aus Kostengründen empfehlenswert:

1. Das Betriebspersonal vor Ort übernimmt grundlegende, häufig anfallende Aufgaben.

2. Der Energiebeauftragte führt weitere Arbeiten durch, die gelegentlich anfallen und vom Betriebspersonal nicht erledigt werden können.

3. Wartungsfirmen übernehmen die verbleibenden Arbeiten.

Der Energiebeauftragte plant die Ausführung dieser Aufgaben, regelt sie in Anweisungen bzw. Verträgen und prüft die korrekte Ausführung. Die Gestaltung und Überprüfung von Wartungs- und Instandhaltungsverträgen sowie deren Einhaltung stellen hier wichtige Teilaufgaben dar. Vertragsmuster findet man in den Publikationen des „Arbeitskreises Maschinen- und Elektrotechnik staatlicher und kommunaler Verwaltungen" (AMEV) /AMEV 1985/, /AMEV 1990/.

Darüber hinaus lassen sich Wartungsverträge auch optimieren, indem nicht für jeden Teil einer Anlage ein gesonderter Vertrag mit anderen Auftragnehmern abgeschlossen wird, sondern Gesamtwartungsverträge abgeschlossen werden, die der Komplexität größerer Anlagen eher Rechnung tragen. Zudem kann eine solche Lösung (nach Preisvergleichen) auch kostengünstiger ausfallen.

3.4.4 Stördienst

Bei vielen Anlagenstörungen sind nur kleine Handgriffe nötig, um diese zu beheben. Eine solche Tätigkeit, die bisher häufig von den Hochbauämtern durchgeführt wird, kann gegebenenfalls von einem qualifizierten Energiebeauftragten übernommen werden. Es können eventuell Kosten für die Hinzuziehung externer Stördienste gespart werden. In Verbindung mit einer zentralen Leittechnik ist es möglich, viele Störungen sogar ohne eine Fahrt zur Anlage zu erkennen und die nötigen Schritte einzuleiten.

Das Betriebspersonal vor Ort wird angewiesen, detaillierte Störungsprotokolle zu führen, um Schwachstellen und ihre Ursachen effizienter beheben zu können.

3.4.5 Beratung und Kontrolle des Betriebspersonals

Die Einhaltung von Vorgaben muß im Gebäude überprüft werden. Hierbei geht es nicht nur um Kontrolle, sondern auch um die Ermittlung der Gründe für ein „Fehlverhalten". Hat der Hausmeister die Bedienung der Heizungsanlage verstanden? Gibt es Probleme beim Ablesen der Zähler? Führt die Arbeitsüberlastung des Hausmeisters dazu, daß nicht genügend Zeit für die teilweise neuen Aufgaben der Anlagenüberwachung verbleibt? Erst durch die Berücksichtigung solcher Gründe und die Abhilfe durch eine zielgerichtete Beratung kann eine langfristig erfolgreiche Zusammenarbeit mit den Beteiligten im Gebäude entstehen (vgl. auch Kap. 3.8).

3.5 Energiebeschaffung

Der Aufgabenbereich der Energiebeschaffung umfaßt folgende Teilaufgaben:

- Abschluß und Prüfung von Lieferverträgen mit Energieversorgungsunternehmen (Gas, Strom, Fernwärme)
- Kontrolle der Abrechnungen
- Koordination und Optimierung des Öleinkaufs

Im Unterschied zu den anderen Aufgabenbereichen wird durch die Optimierung der Energiebeschaffung keine Energieeinsparung erreicht. Es werden lediglich die Kosten des Bezugs minimiert.

Die **zentrale Prüfung von Lieferverträgen und Abrechnungen** durch den Energiebeauftragten gewährleistet, daß ein Vergleich mit dem tatsächlichen Verbrauch und den tatsächlich benötigten Leistungen vorgenommen werden kann. Hierdurch ergeben sich häufig Gelegenheiten zu Kosteneinsparungen, die ansonsten unbemerkt bleiben würden.

In einer Gemeinde ohne Energiemanagement wurde im Jahr 1989 ein weit überdimensionierter Gaskessel durch einen neuen Kessel kleinerer Leistung ersetzt. Eine Anpassung des Gaslieferungsvertrages, in dem ein leistungsabhängiger Kostenanteil vereinbart war, fand nicht statt, weil die für die Verträge zuständige Kämmerei nicht von der Leistungsminderung erfuhr. Erst ein extern erstelltes Gutachten im Jahr 1994 zeigte auf, daß jährlich 1.000 DM durch die Anpassung des Vertrages einzusparen sind.

Aufgrund der monatlichen Verbrauchserfassung ist der Füllstand der Öltanks bekannt. Damit lassen sich beim Öleinkauf Kosteneinsparungen erreichen, wenn der Energiebeauftragte den Einkauf zentral koordiniert, Angebote für größere Abnahmemengen einholt und Bestellungen zu Zeiten niedriger Ölpreise durchführt, anstatt auf den leeren Öltank zu warten.

In der Stadt Stuttgart konnten im Jahr 1993 gegenüber dem mittleren bzw. höchsten Preisen der Ölhändler 2,5 bzw. 5 % der Ölbezugskosten eingespart werden, indem zentral Angebote eingeholt und verglichen wurden. Das entspricht in Stuttgart Einsparungen von 25.000 bis 50.000 DM bei jährlichen Heizölkosten von etwa 1 Million DM /Stuttgart 1994/.

3.6 Nutzungsoptimierung

Unter Nutzungsoptimierung soll hier verstanden werden, daß einerseits die organisatorischen Möglichkeiten zur optimalen Belegung von Gebäuden unter energetischen Gesichtspunkten ausgeschöpft, andererseits das individuelle Verhalten der Gebäudenutzer in Richtung auf einen rationellen Umgang mit Energie beeinflußt wird. Beide Aspekte werden hier betrachtet.

3.6.1 Optimale Belegung von Gebäuden

Viele öffentliche Gebäude werden nur zeitweise vollständig genutzt. In Schulen zum Beispiel sind die Klassenräume häufig nur bis in die Nachmittagsstunden belegt. Danach finden nur noch in wenigen Klassenräumen Kurse der Volkshochschule, der Musikschule oder ähnliche Veranstaltungen statt. Hier lassen sich häufig Einsparmöglichkeiten entdecken: Wenn diese Veranstaltungen bisher über mehrere Teile des Gebäudes verteilt waren und deshalb das ganze Gebäude weiter beheizt wurde, muß geprüft werden, ob sich nicht andere Belegungen finden lassen, die es erlauben, die Veranstaltungen auf wenige Gebäudeteile zu konzentrieren. Diese Konzentration muß sich daran orientieren, welche Heizkreise separat regelbar sind. Dann läßt sich häufig ein Teil der Heizkreise einige Stunden früher in der Temperatur absenken, was zu deutlich geringerem Heizenergieverbrauch führt. Zudem wird auch der Stromverbrauch durch die Beleuchtung reduziert, da nur noch ein Teil der Flure in den Abendstunden beleuchtet werden muß.

Mit dem gleichen Ziel und in ähnlicher Form können auch Belegungspläne mehrerer verschiedener Gebäude miteinander abgeglichen werden; zum Beispiel bei der Nutzung mehrerer benachbarter Turnhallen.

So einfach sich dieser Lösungsansatz anhört, so schwierig ist er in der Praxis gelegentlich umzusetzen. Viele Gewohnheiten der Nutzer („Wir waren doch schon immer in diesem Raum"), kleine Hindernisse (Transportkosten des Klaviers in einen anderen Gebäudeteil), die Zuständigkeit vieler Stellen (Volkshochschule, Schulleitung, Hausmeister etc.) verlangen einen langen Atem, Sensibilität und klare Zuständigkeiten, um schließlich diese kostengünstige Einsparmöglichkeit tatsächlich realisieren zu können.

3.6.2 Aufklärung und Motivation der Gebäudenutzer

Je nach Gebäudeart haben die Nutzer einen mehr oder weniger starken Einfluß auf den Energieverbrauch. Deren Kenntnisse über den richtigen Umgang mit Thermostatventilen sind beispielsweise zumeist erschreckend gering. Deshalb sollten die Nutzer der Gebäude ebenfalls motiviert und geschult werden. Zwei konkrete Beispiele werden im folgenden kurz vorgestellt: Die Aktionstage in Berliner Verwaltungsgebäuden sowie die Einführung von Prämiensystemen an Hamburger und Hannoveraner Schulen.

In Berlin wurden in Verwaltungsgebäuden über eine bestimmte Zeit auffällige Aktionen durchgeführt, die vor allem die Angestellten für den richtigen Umgang mit energieverbrauchenden Einrichtungen sensibilisieren sollten. Hierzu gehörte eine Ausstellung zum Thema Energie, das Verteilen von gezielten Hinweisschildern, Informationsschriften sowie Thermometern. Durchgeführt wurden diese Aktionen von der KEBAB gGmbH (Anschrift s. Anhang: Institutionen).

Außer über den geringen Kenntnisstand der Nutzer muß man sich Gedanken darüber machen, wie sich die Motivation steigern läßt, vorhandenes Wissen auch umzusetzen. In Hamburg und Hannover wurden deshalb zum Beispiel Prämiensysteme entwickelt, die den Schulen einen Teil der eingesparten Energiekosten zur Verfügung stellen, soweit diese Einsparungen nicht durch technische Maßnahmen des Hochbauamtes erzielt wurden. Parallel dazu existierten in Hannover Schulungsangebote für Lehrer und Schüler. Es konnten z.B. im Laufe eines halben Jahres an dreizehn Schulen Hannovers über 100.000 DM an Energiekosten eingespart werden. In einer Publikation des Unabhängigen Instituts für Umweltfragen (UfU) sind diese und weitere Beispiele aus Schulen dokumentiert /UfU 1996/.

3.7 Begleitung investiver Maßnahmen

Wenn eine Entscheidung zur Realisierung einer investiven Energiesparmaßnahme gefällt wurde, hängt es von der Personalausstattung im Energiemanagement sowie den Zuständigkeiten und der Qualifikation ab, inwieweit das Energiemanagement auch für die Umsetzung einer solchen Maßnahme zuständig ist. Aufgrund der sonstigen Aufgabenfülle wird der Energiebeauftragte nur in seltenen Fällen oder speziellen Organisationsformen[8] die Umsetzung direkt begleiten; also z.B. eine Solaranlage selber planen, ausschreiben, die Installation begleiten und die Anlage abnehmen.

---

[8] s. z.B. Kap.14: Energiedienstleistungszentrum Rheingau-Taunus GmbH

Viel häufiger wird die Umsetzung technischer Maßnahmen von den zuständigen technischen Abteilungen der Verwaltung geleistet, in einer Kommune also z.B. vom Hochbauamt. Dies ergibt sich daraus,

1. daß solche Maßnahmen zumeist in Verbindung mit ohnehin anstehenden Sanierungsarbeiten durchgeführt werden müssen, die in jedem Fall von den zuständigen technischen Abteilungen betreut werden. Die Integration zusätzlicher energiesparender Elemente bleibt somit in einer Hand und wird nicht durch Einbeziehung weiterer Stellen erschwert;

2. daß das Energiemanagement sich nicht vornehmlich als technische, sondern als organisatorische Aufgabe versteht. Bei einer Zuständigkeit auch für die technische Umsetzung wäre der Schwerpunkt zu sehr verlagert. Es bestünde die Gefahr, daß für die anderen, bisher beschriebenen Aufgabenbereiche zu wenig Zeit bleibt.

Die Aufgaben des Energiemanagements in dem hier gemeinten Sinne beschränken sich bei der Umsetzung technischer Maßnahmen eher auf **beratende, kontrollierende und optimierende Funktionen**, wie sie im folgenden aufgeführt sind.

Bei der **Einführung innovativer Technologien** kann das Energiemanagement beratend und kontrollierend tätig werden. Innovativ meint hier: neu für die zuständigen technischen Stellen in der Verwaltung oder bei den Handwerkern der Region. Das kann zum Beispiel der erste Einbau einer Solaranlage in einer städtischen Einrichtung sein. In solchen Fällen kann das Energiemanagement beratend helfen, indem es zum Beispiel gute Planungshilfen für Solaranlagen für die Techniker im Haus besorgt. Als Informationsquelle hierzu dient dem Energiebeauftragten beispielsweise der Erfahrungsaustausch mit Energiebeauftragten anderer Kommunen oder Städte.

Je nach Qualifikation des Energiebeauftragten wird er zudem die Ausführung und den Betrieb vor Ort kontrollieren und den Technikern im Haus Kriterien zur Bewertung vermitteln. Die Grenzen zur Weiterbildung der Verwaltungsangestellten sind hier fließend (vgl. Kap 3.8.2).

Schließlich, und das gilt nicht nur für innovative Technologien, wird sich das Energiemanagement um eine **optimale Funktion** der zuletzt installierten Energiespartechnik kümmern. Hier wird an den Aufgabenbereich der Betriebsführung angeknüpft.

3.8 Kommunikation

Die Kommunikation erfüllt eine übergreifende Aufgabe für alle zuvor dargestellten Aufgabenbereiche. Die Weiterleitung der Verbrauchsdaten von den Hausmeistern, die Angaben zum anstehenden Sanierungsplan des Hochbauamtes, die Erhebung der Gebäudedaten, etc.: Die Bewältigung dieser Aufgaben setzt in jedem Fall eine funktionierende Kommunikation voraus. Leider ergibt sich dies in bisherigen Verwaltungsstrukturen nicht von allein. Aber auch in neuen Strukturen, wie sie sich nach einer Verwaltungsreform ergeben können, muß diese Kommunikation organisiert werden[9]. Das liegt daran, daß das Thema Energie ein so umfassendes Gebiet darstellt, daß es in jedem Fall ein Querschnittsthema bleibt. Somit obliegt es dem Energiemanagement, die Kommunikationsstrukturen dafür aufzubauen und zu pflegen.

In diesem Abschnitt werden einige spezielle Kommunikationsaufgaben vorgestellt, die die bisher beschriebenen Aufgaben noch nicht oder nicht hinreichend abdecken. Hierzu zählen:

- Schulung und Motivation des Betriebspersonals
- Weiterbildung der Verwaltungsangestellten
- Berichterstellung
- Erfahrungsaustausch der Energiebeauftragten

3.8.1 Schulung und Motivation des Betriebspersonals

Als Betriebspersonal sind hier diejenigen Personen zu verstehen, die für die alltägliche Betreuung der Gebäude und Bedienung der Anlagen zuständig sind. In den meisten Fällen werden diese Aufgaben von den Hausmeistern ausgeführt. **Die Kooperation mit dem Betriebspersonal vor Ort ist ein entscheidender Faktor für ein erfolgreiches Energiemanagement**, da diese Personen dem Energiebeauftragten viel Arbeit abnehmen, aber auch bereiten können.

---

[9] vgl. Kap. 11

Folgende Probleme treten in der Zusammenarbeit mit dem Betriebspersonal häufig auf:

- die Hausmeister besitzen keine ausreichende Qualifikation für energierelevante Fragen,
- die Hausmeister fühlen sich durch den Energiebeauftragten kontrolliert, weil es doch „ihre" Gebäude sind,
- es fehlen Anreize zur Beschäftigung mit Zusatzaufgaben,
- das große Aufgabenspektrum der Hausmeister führt zu einer zeitlichen Überbeanspruchung.

Deshalb ist es nötig

- durch Schulungen die Qualifikation zu verbessern,
- die Motivation des Betriebspersonals zu stärken, sich mit energierelevanten Fragen zu beschäftigen,
- durch organisatorische Lösungen dem Betriebspersonal den zumeist geringen, aber nötigen zeitlichen Freiraum zu verschaffen.

Zur Steigerung der Qualifikation organisiert der Energiebeauftragte **regelmäßig Schulungen** für das Betriebspersonal zu allen energierelevanten Themen. Allgemeine Schulungen sollten mindestens einmal jährlich stattfinden und die Teilnahme für alle verpflichtend sein. Dies kann zum Beispiel in einer Dienstanweisung festgehalten werden. Bei den Schulungen ist auf eine anschauliche und praktische Aufbereitung des Lehrstoffs zu achten. Günstig sind deshalb Veranstaltungen an Beispielanlagen („Schulung im Heizungskeller"). Das wichtigste Schwerpunktthema ist die Bedienung von Heizungsregelungen. Ob Mitarbeiter der Verwaltung, z.B. der Energiebeauftragte, solche Schulungen durchführen, hängt von den vorhandenen Qualifikationen ab. Hierbei spielen u.a. didaktische Kenntnisse eine wichtige Rolle. Es gibt jedoch mittlerweile auch Institutionen, die solche Schulungen anbieten. In vielen Fällen können die Energieagenturen der Länder hier weiterhelfen (s. Anhang: Energieagenturen).

Bei Spezialthemen (z.B. einer besonderen Lüftungsanlage im Schwimmbad), der Installation neuer Anlagen sowie bei einem Personalwechsel empfiehlt sich in jedem Fall zusätzlich zu den allgemeinen Schulungsterminen eine gesonderte Einweisung vor Ort.

Um die **Motivation** des Betriebspersonals zu stärken, ist ein **sensibles** Vorgehen wichtig. Bevor der neue Energiebeauftragte durch „Kontrollgänge" oder Anweisungen auffällt, sollte zunächst ein positiver Kontakt gesucht werden, z.B. indem ein erstes Kennenlerntreffen mit einem Erfahrungsaustausch organisiert wird.

Hier noch **ein paar Tips zur Motivationssteigerung** beim Betriebspersonal:

- Rückmeldungen geben, nicht nur fordern:
    - Verbrauchsentwicklung mitteilen
    - Energieberichte zusenden (s.u.)
    - Ergebnisse von Diagnosen ihrer Gebäude mitteilen
    - Erfolge loben
- Anregungen von Hausmeistern aufgreifen und im Energiebericht darstellen
- aktive Unterstützung bei Konflikten mit Nutzern etc. geben.

3.8.2 Weiterbildung der Verwaltungsangestellten

In diesem Abschnitt geht es nicht um die Verwaltungsangestellten als Nutzer der öffentlichen Gebäude (vgl. hierzu Kap. 3.6), sondern vornehmlich um die für Planung, Umsetzung und Betreuung technischer Einrichtungen zuständigen Verwaltungsangestellten. Auch bei ihnen existiert ein Fortbildungsbedarf, der u.a. durch die innovativen Energiespartechnologien hervorgerufen wird. Viele dieser Technologien sind noch nicht Gegenstand der Berufsausbildung der heute tätigen Verwaltungsmitarbeiter gewesen (zum Beispiel die Brennwerttechnik bei Heizungsanlagen). Deshalb muß im Rahmen des Energiemanagements untersucht werden, an welchen Stellen hier ein Qualifizierungsbedarf besteht. In den meisten Fällen werden die zuständigen Mitarbeiter dann auf externe Fortbildungsveranstaltungen hingewiesen oder geschickt. In sehr großen Verwaltungen, in denen die gleichen Energiesparfragen sehr viele Mitarbeiter betreffen, können solche Veranstaltungen auch im Haus organisiert werden (vgl. Qualifizierungsoffensive in Wuppertal, Kap.11).

3.8.3 Berichterstellung

„Tue Gutes und rede darüber!" Nach diesem Motto sollte auch der Energiebeauftragte handeln. Eine gute Darstellung der Arbeit, der Ergebnisse und der Pläne sind von großer Bedeutung, sowohl nach „Innen" (Verwaltung, Politik, Management) als auch nach „Außen" (Gebäudenutzer, Öffentlichkeit).

Die **Berichterstattung nach Innen** ist aus folgenden Gründen wichtig: Der Energiebeauftragte verlangt Mitarbeit, Information und Geld von anderen Personen. Deshalb muß es für sie eine Rückmeldung geben, wofür diese Arbeit geleistet wird, und ob sie erfolgreich verläuft. Somit kann er den gelegentlich kritisch hinterfragten Aufwand rechtfertigen. Zudem wird durch das Ausweisen weiteren Einsparpotentials seine Arbeit problemloser als Daueraufgabe akzeptiert.

Die **Berichterstattung nach Außen** verfolgt andere Ziele. Einerseits kann die Verwaltung durch ihr positives Beispiel für andere als Vorbild dienen, ebenfalls sinnvoll mit Energie umzugehen. Andererseits ist es möglich, die Darstellung auch zur Imagepflege (der Stadt, der Wohnungsbaugesellschaft, der Energieleitstelle etc.) einzusetzen. Schließlich wird der Energiebeauftragte auch einen festeren Stand nach Innen bekommen, wenn seine Erfolge in der Öffentlichkeit bekannt sind.

Die **internen Berichte sollten jährlich** erstellt werden und auf jeden Fall folgende Punkte enthalten:

- einen Rückblick auf die Tätigkeiten und die Verbrauchs-, Kosten- und Emissionsentwicklung (im letzten Jahr sowie seit Beginn des Energiemanagements),
- eine Gegenüberstellung des kumulierten Kostenaufwands und der Kosteneinsparungen seit Beginn des Energiemanagements,
- eine Darstellung erfolgreicher Sparmaßnahmen an ausgewählten Einzelobjekten,
- einen Ausblick auf weitere erreichbare Einsparungen

Die nach **außen gerichtete Berichterstattung** sollte neben einem gut aufgemachten, etwa alle drei Jahre erscheinenden „Energiebericht" auch gelegentlich in Form von Pressemitteilungen erfolgen. Ein Vorschlag für ein Inhaltsverzeichnis eines ausführlichen Berichtes findet sich im Anhang („Inhaltsverzeichnis Energiebericht").

3.8.4 Erfahrungsaustausch der Energiebeauftragten

Vielfach sind Energiebeauftragte an verschiedenen Orten mit ähnlichen Aufgaben und Problemen beschäftigt. Ein Erfahrungsaustausch bietet hier wertvolle Hilfestellungen. In einigen Bundesländern werden dazu regelmäßige, zentral organisierte Veranstaltungen durchgeführt. Die Energieagenturen der Länder können häufig bei der Suche nach solchen Treffen oder direkten Kontakten weiterhelfen. Darüber hinaus veranstaltet der Arbeitskreis Maschinen- und Elektrotechnik staatlicher und kommunaler Verwaltungen (AMEV) entsprechende Veranstaltungen (Anschrift s. Anhang: Institutionen). Aber auch auf Fortbildungsveranstaltungen und Seminaren bieten sich hierzu vielfältige Gelegenheiten zum Erfahrungsaustausch.

4 Hilfsmittel und Methoden zur Unterstützung der Aufgaben

Markus Duscha und Hans Hertle, Heidelberg

In diesem Kapitel werden einige Hilfsmittel und Methoden vorgestellt, die für die Mitarbeiter im Energiemanagement von Bedeutung sind. Hierzu gehören:
1. Die Unterstützung durch die elektronische Datenverarbeitung (**EDV**)
2. Einige Hilfsmittel zur Erhebung technischer Informationen (Meßgeräte, Informationsquellen)
3. Die Wirtschaftlichkeitsberechnung für energiesparende Maßnahmen
4. Die Emissionsberechnung zur Beurteilung der Umweltauswirkungen

4.1 EDV-Einsatz

Ein Computereinsatz kann bei einigen Aufgaben des Energiemanagements helfen. Viel Routinearbeit kann damit effizienter erledigt werden. Tab. 4-1 zeigt eine Übersicht über die mögliche Aufgabenunterstützung durch einen EDV-Einsatz. Es gibt eine Reihe von Aufgaben, die auf jeden Fall durch ein spezielles Programm unterstützt werden sollten, weil sie zu den wichtigen Kernaufgaben des Energiemanagements gehören (Basisaufgaben). Darüber hinaus sind weitere Hilfestellungen sinnvoll, die sich durch umfangreichere Energiemanagementprogramme zusätzlich bearbeiten lassen (Optionale Aufgaben). Ob diese Funktionen schon durch andere, vorhandene Software abgedeckt werden, muß vor dem Kauf eines Programms entschieden werden.

Tab. 4-1: Unterstützung der Aufgaben im Energiemanagement durch EDV

Aufgabenbereich	EDV-Unterstützung
Basisaufgaben	
Verbrauchskontrolle	Verbrauchsdatenverwaltung
	Witterungsbereinigung
	Grafische Darstellung der Entwicklung (gebäudeweise und aggregiert)
Gebäudeanalyse	Gebäudestammdatenverwaltung
	Energiekennwertermittlung
Kommunikation	Berichterstellung (z.B. Grafiken, zusammenfassende Berechnungen)
Optionale Aufgaben	
Energiebeschaffung	Kostenerfassung
	Tarifvergleiche
	Tarifanpassung
Gebäudeanalyse	erweiterte Gebäudedatenverwaltung
	Heizenergiebedarfsberechnung
Planung	Wirtschaftlichkeitsberechnung
	Sanierungsplanung
Kommunikation	Vernetzung verschiedener Ämter

Zudem spielen folgende Kriterien eine wichtige Rolle bei der Entscheidung für die Energiemanagementsoftware:

- Schulung bei der Einführung (üblicherweise nötig, mindestens Demonstration der Eingabe von Daten eines Beispielgebäudes)
- Netzwerkfähigkeit
- Datenaustausch mit
    - vorhandenen Programmen
    - einer zentralen Leittechnik
- modulares Wachstum des Programms bei steigenden Anforderungen

Welche Spezifikationen das Programm in einer Verwaltung tatsächlich benötigt, hängt von vielen Faktoren ab. **Es ist deshalb erforderlich, vor der Einführung eines solchen Programms ein organisatorisches Gesamtkonzept für das Energiemanagement auszuarbeiten.**

Anbieter und Kosten

Die Entwicklung neuer, angepaßter Software für die eigene Verwaltung kostet viel Zeit, auch wenn dabei Standardsoftware wie Datenbanken oder Tabellenkalkulationsprogramme helfen. Günstiger ist daher der Einsatz **spezieller Software**, die für das Energiemanagement entwickelt wurde. **Anbieter** von solchen Programmen sind:

- **Energieagenturen**: In Zusammenarbeit mit Softwareherstellern wurden angepaßte Lösungen entwickelt, die nun teilweise sehr günstig (kosten-, aber nicht bedingungslos) und gut betreut zumeist an Kommunen weitergegeben werden (dies gilt nicht für alle Energieagenturen, vgl. Anhang: Institutionen). Gelegentlich bieten die Agenturen zusätzliche Unterstützung in diesem Zusammenhang an. Beispielsweise wurde von der Energieagentur Schleswig-Holstein noch die Datenerhebung und -eingabe für einige Gebäude personell unterstützt.

- **Softwarehersteller und Ingenieurbüros**: Hier gibt es mittlerweile eine Vielzahl von Anbietern. Aber nur wenige Programme sind schon länger bei einer größeren Zahl von Verwaltungen im Einsatz und können somit auf praxisnahen Erfahrungen aufbauen.

- **Energieversorgungsunternehmen**: Zunehmend bieten auch Energieversorgungsunternehmen solche Programme als Dienstleistung, häufig „kostenlos" an. Die Software basiert meistens auf marktgängigen Programmen von Softwareherstellern.

Die **Kosten** für solche speziellen EDV-Programme beginnen bei etwa 5.000 DM für Einzelplatzversionen. Je nach Ausstattung können die Kosten auf über 30.000 DM für umfangreiche, netzwerkfähige Ausführungen steigen. Mittlerweile gibt es Angebote „kostenloser" Software. Dabei muß jedoch bedacht werden, daß die Kosten für die Software nur einen Teil der Gesamtkosten für die EDV ausmachen. Erforderliche Hardwareausstattung, Lizenzgebühren für zugrundeliegende Basisprogramme (Datenbanken etc.), Schulungen, Pflege des Programms, Erweiterungsmöglichkeiten, „Hotline"-Fragen-Service etc. stellen weitere wichtige Kostenpunkte dar, die sorgfältig verglichen werden müssen.

4.2 Meßmittel und Informationsquellen für technische Daten

Vom Energiebeauftragten muß eine Vielzahl technischer Informationen zusammengetragen werden. In diesem Abschnitt werden einige Hilfsmittel vorgestellt, die dabei behilflich sind:

- Verbrauchserfassung:
    - Formulare zur Erfassung am Zähler vor Ort
    - Automatisierte Fernabfrage von Zählern
    - Datenaustausch mit Energieversorgungsunternehmen
- Daten zur Heizungsanlage:
    - Schornsteinfegerprotokolle
- Meßgeräte für:
    - Temperatur
    - Beleuchtungsstärke
    - Stromverbrauch

Verbrauchserfassung

Die Verbrauchserfassung erfolgt zunächst durch das Ablesen der Zählerstände, die vor Ort auf **Formularen** festgehalten werden. Mit den Personen, die diese Arbeit erledigen sollen, muß bei größeren Gebäuden mit mehreren Zählern eine Begehung stattfinden, um die Standorte aller Zähler herauszufinden und den Zählernummern zuzuordnen.

Die Zählerstände sollten nicht auf beliebigen Blättern notiert werden, sondern auf vorgegebenen Formularen, um Mißverständnisse weitestgehend zu vermeiden. Vorschläge für die Gestaltung der Erfassungsformulare findet man im Anhang (Erfassungsformulare Zählerstände). Von Vorteil ist zudem, wenn aus der Differenz der Zählerstände vor Ort sofort der Verbrauch ermittelt und im Formular festgehalten wird, weil hierdurch das Betriebspersonal vor Ort ein Gefühl für die Höhe des Verbrauchs und ungewöhnliche Abweichungen bekommt.

Die Verbrauchserfassung kann auch **automatisiert** erfolgen. Durch den Einsatz spezieller Zähler können die Zählerstände elektronisch erfaßt und mittels einer Datenübertragung an eine zentrale Leitstelle, z.B. beim Energiebeauftragten, weitergegeben werden. Eine solche Lösung erfordert einen relativ hohen technischen und finanziellen Aufwand, wenn nicht schon eine zentrale Leittechnik für andere Zwecke zur Verfügung steht (Steuerung von Anlagen etc.). Deshalb sollte diese Art der Erfassung nicht am Anfang des Energiemanagements stehen, um knappe Ressourcen zunächst für direkt verbrauchssenkende Maßnahmen zur Verfügung zu haben.

Sollten die **Energieversorgungsunternehmen** die Verbrauchsdaten in adäquater Form für die Datenverarbeitung zur Verfügung stellen können, kann eine Kooperation sinnvoll sein (z.B. Lieferung der Daten auf Diskette, monatlich; ohne zu große Verzögerung).

Daten zur Heizungsanlage

Die wichtigsten Daten zur Öl- oder Gasheizungsanlage lassen sich u.a. aus den **Schornsteinfegerprotokollen** entnehmen:

- Typ, Alter und Leistung des Kessels
- Typ, Alter und Leistung des Brenners
- Brennstoff
- Einsatz der Anlage für Raumheizung, Warmwasser etc.
- Meßwerte zu Abgasverlusten, Wärmeträger- sowie Abgastemperatur etc.

Da die Messungen mindestens jährlich durchgeführt werden, liegen somit relativ aktuelle Daten vor. Bei Zweifelsfällen über die Korrektheit der Abgaswerte im Protokoll sind Kontrollmessungen angebracht, da sich die Werte leicht ändern bzw. auch Fehler bei den Messungen vorkommen können.

Meßgeräte

Bei einigen Aufgaben muß der Energiebeauftragte selbst Messungen durchführen, insbesondere bei der Betriebsüberwachung und den Gebäudeanalysen. Zur Grundausstattung sollten die in Tab. 4-2 aufgeführten Meßgeräte gehören.

Tab. 4-2: Meßgeräteausstattung im Energiemanagement

Gerät	Einsatzbereiche	Kosten
elektronisches Temperaturmeßgerät	Raum- u. Außenlufttemperaturen, Vor- und Rücklauftemperaturen der Heizung	ab 200,- DM
Thermograph	zeitlicher Verlauf von Raumtemperaturen	etwa 600,- DM
Luxmeter	Beleuchtungsstärke	etwa 1000,- DM
Stromverbrauchsmeßgerät	einzelne Elektrogeräte, Blindstromanteil, 96-h-Tarife prüfen	ab 100,- bis zu mehreren Tausend DM, je nach Funktionen

4.3 Wirtschaftlichkeitsberechnung

Bei der Entscheidung über die Durchführung von energiesparenden Maßnahmen haben die Kosten schon immer eine wichtige Rolle gespielt. Insbesondere in den letzten Jahren, in denen sich die finanzielle Lage der Kommunen drastisch verschlechtert hat, werden zum Teil nicht einmal mehr die notwendigen Erhaltungsmaßnahmen, geschweige denn Einsparmaßnahmen, durchgeführt. Die Wirtschaftlichkeit solcher Maßnahmen wird allerdings nur selten überprüft. Häufig werden Einsparmaßnahmen nur deshalb abgelehnt, weil sie mit hohen Investitionen verbunden sind. Dies führt dazu, daß aufgrund der Finanzierungsengpässe wirtschaftliche Maßnahmen unterbleiben und damit der kommunale Haushalt weiterhin mit hohen Energiekosten belastet bleibt. Diese Finanzengpässe können durch externe und interne Finanzierungsmöglichkeiten überwunden werden (siehe TEIL II des Buches).

Diese Finanzierungsmodelle gehen aber davon aus, daß es sich um wirtschaftliche Maßnahmen handelt. Doch wie ist Wirtschaftlichkeit definiert? Wann „amortisiert" sich eine Investition. Mit welcher Berechnungsmethode kann man arbeiten. Welcher Unterschied besteht zwischen betriebs- und volkswirtschaftlicher Betrachtungsweise? Fragen hierzu werden in den folgenden Absätzen beantwortet.

4.3.1 Was heißt Wirtschaftlichkeit?

Eine Maßnahme oder ein Maßnahmenpaket ist dann wirtschaftlich, wenn die Kosten für diese Maßnahme niedriger sind als die Erlöse. Die Berechnung der Wirtschaftlichkeit ist allerdings wesentlich komplexer als es nach dieser Definition aussieht. Eine Vielzahl von Aspekten, die das Ergebnis erheblich beeinflussen, muß berücksichtigt werden. Einige davon sind im folgenden aufgeführt.

Betriebs- und Volkswirtschaft: Die meisten Wirtschaftlichkeitsberechnungen basieren auf einer betriebswirtschaftlichen Sichtweise. D.h. für einen Betrieb (z.b. die Kommunalverwaltung) werden die direkten finanziellen Vor- und Nachteile dargestellt. Auswirkungen der Maßnahme, welche die gesamte Volkswirtschaft betreffen (z.B. die „externen" Kosten für die Beseitigung oder Minderung der Umweltschäden – siehe auch Kapitel 6) werden nicht betrachtet.

Wie genau sind Wirtschaftlichkeitsberechnungen? Die berechnete Wirtschaftlichkeit einer Maßnahme entspricht in den wenigsten Fällen genau der später tatsächlich eingetretenen wirtschaftlichen Realität. Sie ist von so vielen teilweise schwer vorhersehbaren Faktoren abhängig (Preissteigerung der Energieträger, Zinsraten, tatsächliche Lebensdauer, etc.), daß sie allenfalls einen Anhaltspunkt für eine Investitionsentscheidung bietet. Um diese Unwägbarkeiten zu berücksichtigen, können sogenannte „Sensitivitätsanalysen" vorgenommen werden, welche die Abhängigkeit der Ergebnisse von Einzelfaktoren verdeutlicht. Da diese jedoch aufwendig und schwierig zu vermitteln sind, sollte sich die Wirtschaftlichkeitsberechnung in der Praxis auf der sicheren Seite bewegen, d.h. eher von einer ungünstigen zukünftigen Entwicklung ausgehen.

Welche Kosten werden berücksichtigt? Bei der Berechnung der Wirtschaftlichkeit werden neben den verbrauchsgebundenen Kosten auch kapitalgebundene, betriebsgebundene und sonstige Kosten berücksichtigt (siehe auch Kapitel 12 und /VDI 1985/). Dies ist insbesondere für den Vergleich von verschiedenen Versorgungsoptionen (z.B. Heizölkessel mit einem Blockheizkraftwerk) notwendig. Bei einem Vergleich von Maßnahmen an der Gebäudehülle (z.B. Verputzen der Wand mit und ohne Wärmedämmung) sind häufig die betriebsgebundenen und sonstigen Kosten gleich, so daß hier nur die verbrauchs- und kapitalgebundenen Kosten berücksichtigt werden müssen. Bei den Kapitalkosten müssen bei dem Beispiel

Außenwanddämmung außerdem nur die **Mehrkosten** für die zusätzliche Dämmung betrachtet werden, da diese allein für den Einspareffekt verantwortlich ist.

Rentabilitätserwartungen: Die Erwartungen an die Rentabilität einer Maßnahme sind, je nach Betrachter, sehr unterschiedlich. So wird in der Industrie üblicherweise gefordert, daß sich Maßnahmen innerhalb von maximal 5 Jahren rechnen. Auf der anderen Seite werden z.b. von einigen privaten Hausbesitzern unwirtschaftliche Maßnahmen wie der Einbau einer thermischen Solaranlage durchgeführt. In der kommunalen Haushaltsplanung sollten Maßnahmen, die sich innerhalb ihrer Lebensdauer rechnen, soweit möglich durchgeführt werden. Sie entlasten damit den Finanzhaushalt und die Umwelt.

Investor und Nutzer: Betrachtet wird die Wirtschaftlichkeit zumeist aus der Warte des Investors. Ist dieser nicht Nutznießer der Maßnahme, unterbleibt diese Maßnahme, da aus seiner Sicht nur zusätzliche Kosten entstehen. Dies gilt sowohl für tatsächlich unterschiedliche Parteien (z.B. Vermieter und Mieter) als auch für getrennte Haushaltsposten (Vermögens- und Verwaltungshaushalt). In diesem Fall muß die Betrachtung der Wirtschaftlichkeit nicht für einen Investor oder eine Haushaltsstelle, sondern übergreifend erfolgen. Ist die Maßnahme wirtschaftlich, müssen Wege für die Überwindung der Investor/Nutzerproblematik gefunden werden. Dies wird für die kommunale Haushaltsproblematik in Kap. 12 aufgezeigt.

Berechnungsansatz: Zur Berechnung der Wirtschaftlichkeit wird in der Regel eine **Amortisationsrechnung** durchgeführt. Dabei wird aufgezeigt, nach wieviel Jahren die Summe der Kosten gleich der Summe der Einsparungen (Erträge) ist. Nach Ablauf dieser Amortisationszeit erwirtschaftet diese Maßnahme Erlöse. Eine in letzter Zeit verstärkt aufgegriffene Berechnungsart ist das sogenannte **Least-Cost-Planning (LCP)**. Hierbei werden **Energievermeidungskosten (Einsparkosten)** mit Energiebezugskosten verglichen. Liegen die Einsparkosten niedriger als die Energiekosten, so ist die Maßnahme wirtschaftlich.

Statisch oder dynamisch: Eine überschlägige Wirtschaftlichkeitsberechnung kann statisch erfolgen. Dabei werden die heutigen Kosten für Investition und Energie miteinander verglichen. Genauer ist eine dynamische Betrachtung. Hierbei werden die Investitionskosten einschließlich Kapitaldienst (Zinsen) als Kapitalkosten ausgewiesen. Bei den verbrauchsgebundenen Kosten wird die Energiepreissteigerung berücksichtigt.

4.3.2 Amortisationszeit

Zumeist wird die Amortisationszeit als Kriterium für die Entscheidung über eine Energiesparmaßnahme herangezogen. Maßnahmen, die sich bereits nach wenigen Jahren rechnen, werden langfristig wirtschaftlichen Maßnahmen häufig vorgezogen. So unterbleiben z.B. Dämmaßnahmen im Rahmen der Instandhaltung. Da die Erneuerungszyklen bei der Gebäudehülle mehrere Jahrzehnte betragen, werden durch solche Entscheidungen Einsparoptionen auf lange Zeit unmöglich gemacht. Wie in Kapitel 6 dargestellt, sollten diese langfristig wirtschaftlichen Maßnahmen mit kurz- und mittelfristig wirtschaftlichen Maßnahmen gekoppelt werden. Damit ergeben sich in der Summe mittelfristig wirtschaftliche Maßnahmenpakete.

Die Amortisationszeiten können folgendermaßen bewertet werden:

Kurzfristig wirtschaftlich: Amortisationszeiten bis zu 5 Jahren

Mittelfristig wirtschaftlich: Amortisationszeiten von 6 bis 10 Jahren

Langfristig wirtschaftlich: Amortisationszeiten ab 11 Jahren

Dazu folgende Beispiele (statisch gerechnet):

*Ein alter Heizkessel wurde in einem Verwaltungsgebäude durch einen **Gasbrennwertkessel** ersetzt. Dadurch wurden jährlich 120 MWh eingespart. 70 MWh wären auch durch den Einsatz eines Niedertemperaturgaskessels eingespart worden. Die restlichen 50 MWh wurden durch Einsatz der Brennwerttechnik eingespart. Als Mehrkosten für den Brennwertkessel fielen 5.000,- DM an. Teilt man diese Investitionsmehrkosten durch die jährlich eingesparten Energiekosten[1] (50.000 kWh*5 Pfg/kWh), so **ergibt sich eine statische Amortisationszeit von 2 Jahren. Die Maßnahme ist also kurzfristig wirtschaftlich.***

---

[1] angenommener Energiepreis für Erdgas: 5 Pfennig/kWh

*In einer Schule wurde die **Obergeschoßdecke** mit einer teilweise begehbaren **Wärmedämmung** versehen. Da diese Maßnahme nur aus Gründen der Energieeinsparung erfolgt ist, müssen die gesamten Investitionskosten in Höhe von 30.000,- DM angerechnet werden[2]. Durch die Maßnahme wurden jährlich 70 MWh eingespart. Teilt man diese Investitionskosten durch die jährlich eingesparten Energiekosten (70.000 kWh*5 Pfg/kWh), so **ergibt sich eine statische Amortisationszeit von 8,6 Jahren. Die Maßnahme ist also mittelfristig wirtschaftlich.***

*Das **sanierungsbedürftige Flachdach** einer Schule wurde mit einer neuen Dachhaut einschließlich 10 cm starker **Wärmedämmung** versehen. Von den gesamten Investitionskosten in Höhe von 120.000,- DM entfielen 70.000,- DM auf die Wärmedämmung, die für die Energieeinsparung verantwortlich war. Durch die Maßnahme wurden pro Jahr 78 MWh pro Jahr eingespart. Teilt man die Investitionsmehrkosten durch die jährlich eingesparten Energiekosten (78000 kWh* 5 Pfg/kWh), so **ergibt sich eine statische Amortisationszeit von 18 Jahren. Die Maßnahme ist langfristig wirtschaftlich.***

Für eine differenziertere Betrachtung sollte die dynamische Amortisationszeit herangezogen werden (siehe /VDI 1985/). Die Ergebnisse ändern sich dadurch in der Tendenz meistens nicht. Allerdings differieren sie um so mehr, je länger der betrachtete Zeitraum für die Wirtschaftlichkeitsberechnung angenommen wird.

4.3.3 Einsparkosten

Neben der klassischen Amortisationsrechnung, bei der die Kosten für die Investitionen und die Einsparung in einer Zahl (der Amortisationszeit) berücksichtigt werden, ist es gerade bei Einsparmaßnahmen sinnvoll, eine Berechnung der **Einsparkosten** vorzunehmen. Unabhängig von der, nicht im Detail vorhersehbaren, Entwicklung des Energiepreises wird damit ausgerechnet, welche Kosten für eine vermiedene Energieeinheit (z.B. kWh) aufgewendet werden müssen. Dazu werden die Investitionskosten (bezogen auf ein Jahr = „Annuität") durch die Energieein-

---

[2] Da die Dachbodendämmung in Eigenleistung erstellt wurde, ist nur der Materialpreis berücksichtigt

sparung geteilt. Diese Zahl wird im Rahmen einer **Least-Cost-Planning-Betrachtung** mit dem Energiepreis verglichen.

Anhand der oben genannten Beispiele wird auch die Berechnung der Einsparkosten erläutert.

*Als Mehrkosten für einen **Brennwertkessel** fielen 5000 DM an. Werden diese Kosten über die angenommene Nutzungsdauer[3] (siehe auch Kapitel 3.3) von 15 Jahren verteilt, so ergeben sich jährliche Investitionskosten von 333 DM. Bezogen auf den eingesparten Energieverbrauch von 50.000 kWh pro Jahr* **ergeben sich Einsparkosten von 0,7 Pfennig pro kWh.**

*Als Investitionskosten für eine teilweise begehbare **Obergeschoßdeckendämmung** mußten 30.000 DM aufgebracht werden. Werden diese Kosten über die angenommene Nutzungsdauer von 25 Jahren verteilt, so ergeben sich jährliche Investitionskosten von 1.200 DM. Bezogen auf den eingesparten Energieverbrauch von 70.000 kWh pro Jahr* **ergeben sich Einsparkosten von 1,7 Pfennig pro kWh.**

*Als Mehrkosten für die **Wärmedämmung** im Rahmen einer Flachdachsanierung fallen 70.000 DM an. Werden diese Kosten über die angenommene Nutzungsdauer von 25 Jahren verteilt, so ergeben sich jährliche Investitionskosten von 2.800 DM. Bezogen auf den eingesparten Energieverbrauch von 70.000 kWh pro Jahr ergeben sich Einsparkosten von* **4,0 Pfennig pro kWh.**

Werden die Einsparkosten dieser Beispiele zwischen 1 und 4 Pfennigen pro kWh mit dem Energiepreis für Gas von 5 Pfg/kWh verglichen, so zeigt sich, daß alle Maßnahmen wirtschaftlich sind.

Auch hier sollte für eine differenziertere Betrachtung der Einsparkosten die dynamische Methode angewandt werden. Die Formel hierfür sowie ein Berechnungsbeispiel finden sich im Anhang (Wirtschaftlichkeitsberechnung).

---

[3] 15 Jahre stellen eine gemittelte Nutzungsdauer des Kessels und der peripheren Einrichtungen (Regelung, Pumpe...) dar

4.3.4 Empfehlung

Für eine Abschätzung der Wirtschaftlichkeit energiesparender Maßnahmen reicht die statische Berechnung der Amortisationszeiten aus. Werden insbesondere Einsparinvestitionen genauer analysiert und dargestellt, so wird die dynamische Berechnung der Einsparkosten empfohlen, wie sie z.B. in Wuppertal (siehe Kap. 11) angewandt wird. Diese werden dann mit dem entsprechenden Energiepreis verglichen. Durch die Entkopplung von Einsparkosten und Energiepreis wird die Berechnung durchschaubarer. Während die Angabe der Amortisationszeit kurzfristige Maßnahmen begünstigt (eine Maßnahme mit einer Amortisationszeit von 20 Jahren wird nur selten unterstützt), vereinfacht die Anwendung der Einsparkosten eher langfristige Ansätze (alle Maßnahmen mit Einsparkosten unterhalb des Energiepreises werden umgesetzt).

4.4 Emissionsberechnung

Neben der Diskussion um die finanzielle Entlastung durch Einsparmaßnahmen spielt die Entlastung der Umwelt eine wesentliche Rolle im Entscheidungsprozeß. Insbesondere für Kommunen, die für die Daseinsvorsorge ihrer Bürger Verantwortung tragen, ist es wichtig, die Auswirkungen ihres Handels auch in bezug auf die Umwelt zu betrachten. Durch das Aufzeigen der tatsächlich durch das Energiemanagement erreichten Emissionsminderung kann sie auch als Vorbild für andere Akteure fungieren, die dann ihrerseits bei Entscheidungen auch den Umweltaspekt stärker in den Vordergrund rücken sollen.

Die Schwerpunkte der Diskussion haben sich hierbei in den letzten Jahrzehnten verlagert. Bis vor einigen Jahren standen die Schadstoffgase (SO_2, NO_X, Staub, etc.) aufgrund hoher Luftbelastung und den damit verbundenen Auswirkungen auf den Menschen (z.B. in Ballungszentren) im Mittelpunkt der Betrachtung. Im Zuge des Waldsterbens wurde auch vermehrt die Wirkung dieser Gase auf die Umwelt, auch außerhalb des Ortes ihrer Entstehung, betrachtet. Dabei wurden erhebliche Emissionsminderungen erreicht (im wesentlichen durch sogenannte end-of-pipe-Technologien: Katalysatoren, Entschwefelung der Kraftwerke, etc.). Angestoßen durch die Diskussion um den Treibhauseffekt wird seit Anfang der 90'er

Jahre immer mehr der globale Effekt des fossilen Energieverbrauchs gesehen. Da die Treibhausgase (CO_2, CH_4, N_2O...) kaum durch Filtertechnologien verringert werden können, rücken die Einsparstrategien und die Notwendigkeit einer langfristigeren, nachhaltigen Entwicklung in den Vordergrund.

Um die oben genannten Aspekte zu berücksichtigen, sollten in einer Emissionsbilanz neben den klassischen Schadstoffen (z.B. Schwefeldioxid (SO_2) und Stickoxid (NO_X)) auch die Treibhausgase Kohlendioxid (CO_2), Methan (CH_4) und Lachgas (N_2O) betrachtet werden.

Die Messung dieser Emissionen ist aus vielerlei Gründen für den Zweck der Bilanzierung nicht geeignet (zu aufwendig, technisch schwierig, zu wenig verursacherorientiert, etc.). Sie lassen sich aber hinreichend genau aus den Angaben zum Energieverbrauch mittels sogenannter Emissionsfaktoren berechnen.

In diesem Kapitel werden die Grundlagen für eine Emissionsberechnung dargestellt. Die konkreten Zahlen zur Berechnung finden sich im Anhang.

4.4.1 Emissionen vor Ort und die Prozeßkette

Die Betrachtung der Emissionen aus den Schornsteinen der öffentlichen Gebäude „vor Ort" alleine genügt für eine aussagekräftige Emissionsbilanz nicht. Dies mag vielleicht im Rahmen eines Luftreinhalteplans noch sinnvoll sein, der als Ziel hat, die örtliche Belastung durch Schadstoffe zu verringern. Für eine globale Betrachtung ist dieser Ansatz bei weitem nicht ausreichend. Dazu müssen auch die vorgeschalteten Emissionen im Rahmen der gesamte „Prozeßkette" einbezogen werden.

Dafür sind folgende Punkte zu berücksichtigen:

- Ein wesentlicher Teil der **Energie**arten Strom und Fernwärme wird **außerhalb der Gebäude erzeugt**. Die dabei auftretenden Emissionen werden natürlich eingerechnet, da sie von den Gebäuden „verursacht" werden.

- Alle Emissionen, die auf dem Weg der Energie **von der Förderung bis zur Umwandlung** entstehen, müssen mitbilanziert werden. Dies spielt u.a. bei der

Kohle- und Erdgasförderung eine Rolle, da bereits bei Förderung und Transport Methan frei wird, das erheblich zum Treibhauseffekt beiträgt.
- Auch die **Materialemissionen,** die im Umwandlungsbereich stecken (z.B. für ein Kraftwerk, einen Heizkessel und die Leitungen) tragen mit einigen Prozent zur Emissionsbilanz bei. Dies ist insbesondere bei erneuerbaren Energien wichtig, da hier vor Ort zum Teil keine Emissionen entstehen, aber natürlich für den Bau der Anlage (Wind-, Wasserkraftanlage, solare Nahwärme, etc.) Energie nötig ist und damit Emissionen freigesetzt werden.

Um all diese Aspekte einzubeziehen, sind umfangreiche Berechnungen nötig. Diese können natürlich nicht von jedem Energiebeauftragten neu durchgeführt werden. Für ihn ist es wichtig, für die eingesetzten Energieträger spezifische Emissionsfaktoren zu erhalten, die alle oben genannten Aspekte berücksichtigen. Dafür kann bundesweit das Computerprogramm **G**esamt-**E**missions-**M**odell-**I**ntegrierter-**S**ysteme /Fritsche et. al. 1995/ eingesetzt werden. Hierbei ist, wie oben gefordert, die gesamte Prozeßkette berücksichtigt (siehe auch Abb. 4-1).

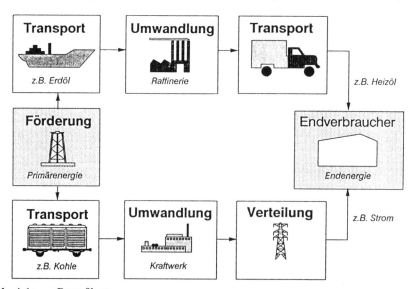

Abb. 4-1: Prozeßkette

Mithilfe der spezifischen Emissionen, d.h. der Emissionen, die pro Energieeinheit freigesetzt werden, können dann die gesamten jährlichen Emissionen der öffentlichen Gebäude durch Multiplikation mit dem Energieverbrauch der einzelnen Energieträger dargestellt werden. Diese spezifischen Emissionen sind im Anhang (Emissionsberechnung) tabellarisch auf Endenergie bezogen abgedruckt.

4.4.2 CO_2-Emissionen

Die Berechnung der CO_2-Emissionen darf in einem Energiebericht, z.B. als Grundlage für eine kommunale CO_2-Bilanz, nicht fehlen. In Abb. 4-2 sind daher die spezifischen CO_2-Emissionen verschiedener Energieumwandlungssysteme auf Ebene der Endenergie[4] und natürlich wieder einschließlich der Prozeßkette dargestellt.

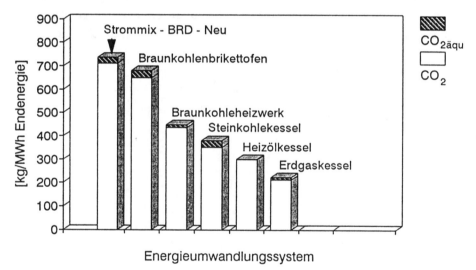

Abb. 4-2: CO_2-Emissionen verschiedener Energieumwandlungssysteme (nach /Fritsche et. al. 1995/)

---

[4] Die Angaben des Programms /Fritsche et. al. 1995/ wurden vom Nutzenergiebezug auf Endenergiebezug umgerechnet. Dadurch wird die Anwendung in der Praxis vereinfacht.

Dabei sind sowohl die **reinen CO_2-Emissionen** (unterer Balken) als auch die sogenannten „**äquivalenten**" **CO_2-Emissionen** (oberer Balken) gezeigt. In den äquivalenten CO_2-Emissionen sind die Treibhauseffekte der Gase Methan und Lachgas berücksichtigt[5].

Zu beachten ist, daß sich die Angaben alle auf **1 MWh Endenergie** beziehen. Die spezifischen CO_2-Emissionen schwanken erheblich. Sie liegen zwischen 681 bzw. 448 kg/MWh_{EE} bei Braunkohlefeuerungen und 224 kg/MWh_{EE} bei gasbefeuerten Anlagen. Die spezifischen CO_2-Emissionen des bundesweiten Strommixes[6] liegen bei 739 kg/MWh_{EE}. Die Unterschiede zwischen den CO_2-Emissionen mit und ohne Berücksichtigung der äquivalenten Emissionen sind gering.

In der Bilanzierung und Bewertung ergeben sich dadurch keine grundlegend anderen Aussagen. Wir schlagen vor, **in CO_2-Bilanzen nur die reinen CO_2-Emissionen** (allerdings einschließlich der Prozeßkette) zu berücksichtigen.

---

[5] Der elektrische Hilfsenergieverbrauch (z.B. für Heizungspumpen) ist dabei nicht berücksichtigt, da er bei den einzelnen Gebäuden über die Stromseite mitbilanziert wird

[6] einschließlich der neuen Bundesländer

5 Organisatorische Grundlagen

Markus Duscha, Heidelberg

Wie sollte das Energiemanagement mit seinen vielfältigen Aufgaben nun organisiert werden? Die bisher gesammelten Erfahrungen zu organisatorischen Fragen zeigen, daß sich die gefundenen **Lösungen nicht standardisieren** lassen. In Abhängigkeit von den eigenen Verwaltungsstrukturen, den bisherigen Erfahrungen und Erfolgen sowie vom Personal und seinen Interessen muß nach angepaßten Lösungen gesucht werden. Alle im folgenden genannten Punkte und Anregungen können aber die Richtung weisen und einzuhaltende Rahmenbedingungen abstecken. In diesem Sinne beantwortet das Kapitel folgende Fragen:

1. Wer koordiniert die Aufgabenbearbeitung?
2. Wie sollten die Aufgabenaufteilung und die Zuständigkeiten gestaltet werden?
3. Welche Rolle spielt die Dienst-/Arbeitsanweisung?
4. Welche Aufgaben können auch von verwaltungsexternen Institutionen bearbeitet werden?
5. Mit welchem Personal- und Sachmittelbedarf ist zu rechnen?
6. Wie lange muß Energiemanagement betrieben werden?

5.1 Koordination: Der Energiebeauftragte

Die im vorigen Kapitel beschriebenen Aufgaben des Energiemanagements betreffen viele Stellen[1] in der Verwaltung. Wie schon in der Einführung (Kap. 1) erläutert, bedarf es bei einem solchen Querschnittsthema einer zentralen Koordination, um Informationen und Entscheidungen zielgerichtet zu leiten. Dieses Problem ist auch nicht durch eine noch so umfassende Verwaltungsreform zu beseitigen. Die

---

[1] Der Begriff der „Stelle" steht hier stellvertretend für Amt, Abteilung, etc.

Energiefragen bleiben auch dann noch Querschnittsthemen, nur möglicherweise unter günstigeren Rahmenbedingungen (vgl. hierzu Kap. 11).

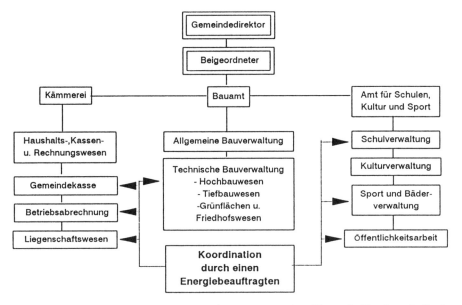

Abb. 5-1: Koordination der am Energiemanagement beteiligten Stellen innerhalb einer kommunalen Verwaltung

Abb. 5-1 zeigt anhand eines kommunalen Verwaltungsausschnitts noch einmal beispielhaft, welche Stellen u.a. in die **Koordination** einbezogen werden müssen. Wichtig ist in jedem Falle, daß **eine** Person innerhalb der Verwaltung für diese Koordinationsaufgabe verantwortlich ist. Im folgenden wird sie als **Energiebeauftragter (EB)** bezeichnet, wie dies in vielen Kommunen üblich ist.

Eine **Aufgabenbeschreibung** für den Energiebeauftragten könnte z.B. folgendermaßen aussehen:

5 Organisatorische Grundlagen

Aufgabenbeschreibung für einen Energiebeauftragten
Organisieren:
- Kommunikation und Abstimmung zwischen den relevanten Verwaltungsstellen („Arbeitskreis Energiemanagement")
- Betriebsführung der Anlagen
- Nutzungsoptimierung in Gebäuden
- Verbrauchskontrolle
- Schulungsveranstaltungen

Kontrollieren:
- Energieverbrauchsentwicklung
- anstehende bauliche, technische sowie Nutzungsänderungen
- Durchführung von investiven Einsparmaßnahmen
- Einhaltung von Vorschriften (z.B. Raumtemperaturen)

Entscheidungen vorbereiten:
- Ermittlung von Wirtschaftlichkeit und Emissionen
- Vorlagen für Entscheidungsgremien erarbeiten

Entscheidungen fällen:
- Hausmeister anweisen
- (kleinere) Einsparinvestitionen tätigen

Informieren:
- Berichterstellung

An welcher Stelle einer Verwaltung sollte der Energiebeauftragte angesiedelt sein? Dazu gibt es prinzipiell mehrere Möglichkeiten, von denen die folgenden in der Praxis am häufigsten anzutreffen sind:

- Hochbauamt[2]
- Umweltamt
- Kämmerei
- Stabstelle

---

[2] Die Bezeichnungen orientieren sich hier an den Benennungen in Kommunen. Für andere Verwaltungen sind sie sinngemäß zu übertragen.

Die aufgezählten Möglichkeiten bieten jeweils verschiedene **Vorteile**. Eine Ansiedlung des Energiebeauftragten im Hochbauamt garantiert eine enge Anbindung an die technischen und baulichen Fragestellungen. Bei einer Stelle im Umweltamt oder der Kämmerei werden die Querschnittsbezüge des Energiemanagements stärker betont, weil hier eine engere Zusammenarbeit mit den Fachämtern schon seit jeher zum Alltag gehört.

Bei der Einrichtung einer Stabstelle für den Energiebeauftragten wird ebenfalls der Querschnittsaspekt betont und darüber hinaus die Wichtigkeit dieser Aufgabe hervorgehoben. Zudem sind die mit einer Stabstelle verbundenen Kompetenzen für viele der Koordinationsaufgaben von großem Vorteil.

5.2 Aufgabenverteilung und Zuständigkeiten

Aus der obigen Aufgabenbeschreibung des Energiebeauftragten (EB) wird ersichtlich, daß er neben der eigentlichen Koordination üblicherweise einige originäre Energiemanagementaufgaben (vgl. Kap. 3) selbst bearbeitet. Hierzu gehören z.B. die Kontrolle der Energieverbrauchsentwicklung, die Nutzungsoptimierung sowie die Berichterstellung. In der Praxis fallen häufig weitere Aufgaben direkt in den Zuständigkeitsbereich des EB: Beispielsweise Gebäudeanalysen, Betriebsführung, Finanzierungsplanung. Wie die **Aufgabenaufteilung zwischen dem Energiebeauftragten und den anderen Verwaltungsstellen** im Einzelfall aussieht, hängt u.a. von folgenden Faktoren ab:

- **Zentrale Energiemanagementaufgaben** werden zumeist dem EB direkt zugeordnet. Hierzu zählen zumindest die Kontrolle der Energieverbrauchsentwicklung und die Energieberichterstellung, die üblicherweise auch vorher noch nicht bearbeitet wurden. Da die anderen Verwaltungsstellen zumeist mit ihren herkömmlichen Aufgaben bereits ausgelastet sind, übernehmen sie deshalb ungern neue Funktionen zusätzlich.

- Wieviele Aufgaben der EB tatsächlich ausführen kann, hängt zudem von seiner **Arbeitskapazität** und der zu betreuenden Gebäudezahl ab (s.u. Abschnitt 5.5). Wenn tatsächlich viele Aufgaben zentral erledigt werden sollen, muß auch die personelle Ausstattung entsprechend angepaßt sein. Das kann soweit führen, daß es nicht nur einen EB gibt, sondern eine Abteilung „Energiebewirtschaftung"[3], die mehrere Mitarbeiter beschäftigt.

- Darüber hinaus muß die Aufgabenverteilung auch die vorhandenen **Qualifikationen** berücksichtigen. Für die Bearbeitung technischer Details muß vielfach auf Wissen des (Hoch-)Bauamtes zurückgegriffen werden. Deshalb verbleibt hier die Planung und Durchführung technischer Energiesparmaßnahmen. Ähnliches gilt üblicherweise auch für Fragen der optimierten Energiebeschaffung, für die die Kämmerei nur wenige neue Aspekte zusätzlich berücksichtigen muß.

Zuständigkeit und Kompetenz

Von großer Bedeutung ist es, die **Zuständigkeiten und Kompetenzen** für die verschiedenen Aufgaben des Energiemanagements so weitgehend wie möglich **schriftlich festzulegen**, um Kompetenzstreitigkeiten und damit unnötige Reibungsverluste zu vermeiden. Diese Festlegungen können in Stellenbeschreibungen und Dienst- bzw. Arbeitsanweisungen erfolgen.

Aus den Energiemanagement-Erfahrungen anderer Verwaltungen lassen sich hierzu u.a. folgende Empfehlungen geben:

Der EB sollte auf jeden Fall gegenüber dem Betriebspersonal eine **Weisungsbefugnis** in Energiefragen besitzen. Zudem sollte er über Sachmittel bis zu einer bestimmten Höhe frei verfügen können, um kleinere, aber dringende Maßnahmen unbürokratisch durchführen zu können (**Bewirtschaftungsbefugnis**) (s.u.: Abschnitt 5.5).

Andererseits muß geklärt sein, wer dem EB in welchen Fragen zur Auskunft verpflichtet ist, damit es zu keinen Informationsblockaden kommt.

So muß zum Beispiel das Hochbauamt dem EB und seinen Mitarbeitern rechtzeitig über anstehende Instandhaltungsarbeiten, Sanierungen, Umbauten und Neubauten berichten, damit Einfluß auf zu integrierende Energiesparmaßnahmen ge-

---

[3] Als Namen für solche Abteilungen, die Aufgaben des Energiemanagements bearbeiten, lassen sich finden: Energieleitstelle, Energiesparwirtschaft, Energiewirtschaft etc.

nommen werden kann. Dies gilt ebenso für die Fachämter, falls größere Änderungen bei der Nutzung eines Gebäudes geplant sind, z.B. neue Belegungspläne für Turnhallen.

Außerdem muß für ein Gebäude klar geregelt sein, wer der „Verantwortliche für den Gebäudebetrieb" ist. In den meisten Fällen wird das der Hausmeister sein. Er ist vor Ort für die Einhaltung der Regeln zuständig, die u.a. in der Dienstanweisung Energie festgehalten sind.

5.3 Dienst-/Arbeitsanweisung „Energie"

Im Rahmen des Energiemanagements sind spezielle Dienst- und Arbeitsanweisungen nötig, die konkrete Regeln für den Umgang mit den technischen Einrichtungen vorgeben sowie Zuständigkeiten festlegen.

Ein Beispiel für ein **Inhaltsverzeichnis einer Dienstanweisung**, die sich an das Betriebspersonal vor Ort richtet, findet sich im Anhang. Daraus wird ersichtlich, daß die Anweisung einerseits Regeln für alle energetisch relevanten Technikbereiche enthält: Heizungsanlage, Anlage zur Wassererwärmung, raumlufttechnische Anlagen, sowie für elektrische und sanitäre Anlagen. Andererseits werden die Erfassung und Überwachung des Energie- und Wasserverbrauchs sowie die Wartung und das Anlegen von Störungsprotokollen detailliert festgelegt.

In einer solchen Anweisung werden u.a. die höchstzulässigen Raumtemperaturen in der Heizzeit festgelegt:

"Während des Heizbetriebes und in der Nutzungszeit ... sollen folgende Raumtemperaturen eingehalten werden:

- *Büro und Unterrichtsräume*   *20°C*
- *Flure, Treppenhäuser u. Toiletten*   *12-15°C*

.... Als Raumtemperatur gilt die am Arbeitsplatz in ca. 0,75 m Höhe gemessene Lufttemperatur." (Quelle: /Heidelberg 1994/).

Weitere mögliche **Vorgaben für Raumtemperaturen** bei anderen typischen Nutzungen sind im Anhang dargestellt.

5.4 Auslagerung von Teilaufgaben des Energiemanagements

Ein Teil der Energiemanagementaufgaben kann auch von Institutionen außerhalb der Verwaltung bearbeitet werden. Hierzu zählen z.b. Ingenieurbüros, Wartungsfirmen, Stadtwerke etc., die Aufgaben wie Verbrauchserfassung, Gebäudeanalysen, Finanzierungsplanung, Betriebsüberwachung usw. bearbeiten können. Die Gründe für eine mögliche Ausgliederung liegen in einer nicht ausreichenden Qualifikation, Effizienz oder Personalkapazität innerhalb der Verwaltung. Durch die verwaltungsexterne Bearbeitung bestimmter Aufgaben ist es zudem in einigen Fällen möglich, Finanzierungsprobleme zu lösen, wenn die externen Institutionen auch die Finanzierung mit übernehmen.

Eine weitgehende Ausgliederung von Energiemanagementaufgaben kann zum Beispiel für kleine Gemeinden, die nur wenige Gebäude zu betreuen haben, sinnvoll sein (kleiner als etwa 15.000 Einwohner). Für sie lohnt es sich eventuell aus betriebswirtschaftlicher Sicht nicht, das notwendige Wissen komplett in der Verwaltung vorzuhalten. Aber auch bei sehr weit verteilten Gebäuden, zum Beispiel von Landesverwaltungen, kann es vorteilhaft sein, Teilaufgaben an Institutionen vor Ort zu vergeben, anstelle alles von einer weit entfernten Zentrale aus zu erledigen.

In keinem Fall sollte die Koordination aller Aufgaben aus der Verwaltung ausgelagert werden. Sie kann von externen Akteuren aufgrund mangelnden Kontakts zu den internen Stellen nur unbefriedigend gelöst werden. Das bedeutet, daß eine zentral verantwortliche Person für das Energiemanagement innerhalb der Verwaltung unumgänglich ist. Außerdem sind überwiegend an Weisungsbefugnisse gekoppelte Aufgaben (z.B. Vorgaben für die Hausmeister) zunächst an das verwaltungsinterne Personal gebunden.

5.5 Personal- und Sachmitteleinsatz

Wieviel **Personal** für das Energiemanagement in der Verwaltung benötigt wird, hängt von folgenden Faktoren ab:

- Anzahl der zu betreuenden Gebäude
- Größe der Gebäude und Anlagen
- Räumliche Entfernung der zu betreuenden Gebäude untereinander (z.B. bei Landesverwaltungen)
- Anzahl der tatsächlich abgedeckten Handlungsfelder des Energiemanagements (Wird außer der Heizenergie auch der Strom- und Wasserverbrauch einbezogen?)
- Anzahl und Umfang der extern vergebenen Aufgaben

Hieraus wird ersichtlich, daß keine pauschal verbindlichen Personalbedarfsangaben gemacht werden können. In jedem Einzelfall muß diese Frage sorgfältig geprüft und eventuell nach einiger Zeit neu beantwortet werden. Anhaltspunkte für die Anzahl der Energiemanagement-Mitarbeiter in Kommunen erhält man aus den Empfehlungen in Tab. 5-1, die sich an dem zu erwartenden Arbeitsaufwand für ein umfassendes Energiemanagement innerhalb der Verwaltung orientieren.

Tab. 5-1: Empfohlene Anzahl von Mitarbeitern im kommunalen Energiemanagement; Quelle: /BINE 1991/

Größe der Kommune in 1000 Einwohner	Anzahl Mitarbeiter im Energiemanagement
10 - 15	1
15 - 30	1,5
30 - 50	2,5
50 - 100	5

Der Arbeitskreis Maschinen- und Elektrotechnik staatlicher und kommunaler Verwaltungen (AMEV) empfiehlt den Einsatz von einer Person für die Betreuung von 40 bis 60 Heizungsanlagen /AMEV 1979/. Damit lassen sich die Kernaufgaben des Energiemanagements (Verbrauchserfassung, Betriebsführung der Anlagen) bearbeiten. Für ein umfassendes Energiemanagement (im Sinne des Kapitels 3) ist ein höherer Personalbedarf zu veranschlagen.

Die o.g. Anzahl von Personen muß nicht von Anfang an beim Aufbau des Energiemanagements beteiligt sein. Dies hängt von der Art seiner Einführung ab. Wieviel Personal neu eingestellt werden muß, oder ob Mitarbeiter, die bisher mit anderen Aufgaben betraut waren, einsetzbar sind, muß im Einzelfall entschieden werden. Es muß allerdings klar sein, daß **die Aufgaben des Energiebeauftragten und seiner Mitarbeiter keineswegs „so nebenbei" erledigt werden können.**

Die **Qualifikation** der Mitarbeiter im Energiemanagement muß sich nach dem Bedarf richten. Die Aufgaben der Verwaltung und Kontrolle können weitestgehend von Verwaltungskräften übernommen werden. Für die eher technischen Aufgaben wie Gebäudeanalysen, Teile der Betriebsüberwachung und Betreuung der Umsetzung investiver Maßnahmen ist eine technisch orientierte Ausbildung nötig.

Von zentraler Bedeutung für das Gelingen des Energiemanagements ist die **soziale und organisatorische Kompetenz des Energiebeauftragten**. Es muß berücksichtigt werden, daß bei der Einführung des Energiemanagements zumeist neue Aufgaben und Kooperationen auf eingeschliffene Verwaltungsstrukturen und Handlungsweisen treffen. Der Energiebeauftragte benötigt deshalb ein hohes Einfühlungsvermögen und Überzeugungskraft, um bei seinen Mitarbeitern die notwendige Motivation für das neue Thema Energiemanagement zu erreichen.

Zudem muß er sich in die verschiedensten Disziplinen hineindenken können (Technik, Betriebswirtschaft, Umweltschutz, Verwaltungsstrukturen etc.), weil er durch seine Koordinationsaufgabe mit Personen verschiedenster Ämter und Ausbildungen in Kontakt kommt.

Die **Vergütung** der Mitarbeiter orientiert sich an den übernommenen Aufgaben (Amtsleiterebene besetzt durch Fachhochschulabsolvent: mindestens BAT III; Betriebsüberwachung durch Techniker: BAT IV).

Sachmitteleinsatz

Die einzusetzenden **Finanzmittel für Sachausgaben** lassen sich unterscheiden nach Ausgaben, die ausschließlich der Unterstützung der Managementaufgaben dienen, und jenen, die für anlagen- und bautechnische Einsparinvestitionen benötigt werden.

Für die **Unterstützung der Managementaufgaben** wird ein EDV-System benötigt, welches einschließlich Hardware und Schulung mit mindestens einmalig 10.000 DM veranschlagt werden muß. Mittlerweile werden zwar auch „kostenlos"

Programme angeboten, z.B. von Energieagenturen oder Energieversorgungsunternehmen. Aber auch in diesen Fällen muß immer für die Hardwareausstattung sowie häufig für die Schulungen selbst gezahlt werden.

Darüber hinaus werden einige **Meßgeräte** benötigt, die jedoch nach und nach angeschafft werden können, so daß man hier jährlich mit 1.000 bis 2.000 DM auskommen kann.

Für **kleinere Einsparinvestitionen**, wie die Dämmung von Heizungsrohren und Armaturen, Erneuerung von Regelungen, Heizkörpernischendämmungen etc., sollten zunächst 1 bis 3% der jährlichen Energiekosten pro Jahr zur Verfügung stehen, um die wichtigsten Maßnahmen kurzfristig ausführen zu können. Zumindest ein Teil dieser Summe sollte direkt dem Energiebeauftragten für dringende Investitionen zur Verfügung stehen.

Für **Mehrkosten größerer Maßnahmen**, die nur im Rahmen von Sanierungen sinnvoll sind, wie Dach-, Wand- und Kellerdämmungen, Installation von Brennwertkesseln etc., sind pro Jahr 3 bis 5% der jährlichen Energiekosten anzusetzen, wenn substantielle Fortschritte erzielt werden sollen. Wenn ein „Sanierungsstau" vorliegt, d.h., wenn in kurzer Zeit übermäßig viele Sanierungen anstehen, und in diesem Rahmen eine vollständige Umsetzung wirtschaftlicher Maßnahmen durchgeführt werden soll, müssen zunächst sogar 10% und mehr der jährlichen Energiekosten für Energiesparmaßnahmen einkalkuliert werden.

Lohnt sich dieser Aufwand?

Die Erfahrungen zeigen, daß die Kosten für den Personal- und Sachmittelaufwand durch die Energiekosteneinsparungen mindestens kompensiert werden. Zumeist überschreiten die Einsparungen die eingesetzten Mittel jedoch deutlich.

Die Stadt Kassel erreichte im Zeitraum von 1979 bis 1988 mit einem Aufwand von 5 Mio. DM (davon 1,5 Mio. DM für Personal) über 18 Mio. DM an Energie- und Wasserkosteneinsparungen /Kassel 1988/.

Als ein besonders erfolgreiches Beispiel können die Ergebnisse der Abteilung Energiewirtschaft der Stadt Stuttgart dienen. Diese Abteilung kümmert sich seit 1976 um das kommunale Energiemanagement. In Kapitel 10 werden die Erfahrungen aus Stuttgart ausführlich dargestellt.

5.6 Daueraufgabe Energiemanagement

Die Erfahrungen zeigen, daß bei Unterbrechung des Energiemanagements der Energieverbrauch wieder steigt. Ohne eine fortdauernde Kontrolle der Verbrauchswerte und Überwachung der Anlagen haben die einmal erzielten Einsparerfolge keinen Bestand.

Ein anschauliches Beispiel liefert Abb. 5-2, die die Heizenergieverbrauchsentwicklung anhand des Energiekennwerts eines Kindergartens in Stuttgart darstellt. Nach Einbau einer modernen Regelungsanlage ließ sich der Verbrauch von über 250 kWh/(m^2*a) auf unter 200 kWh/(m^2*a) reduzieren, solange der Verbrauch kontrolliert und die Einstellung der Anlage überwacht wurde. Als diese Überwachung beendet wurde, stieg der Verbrauch auf nahezu 300 kWh/(m^2*a) an. Dies stellte sich jedoch erst heraus, als nach der zweijährigen Pause die Überwachung wieder eingeführt wurde. Auch diese trug zu einer drastischen Reduzierung des Verbrauchs bei (Quelle: /Stuttgart 1984/).

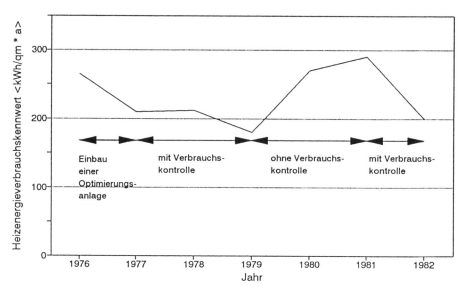

Abb. 5-2: Verlauf des Heizenergieverbrauchskennwertes eines Kindergartens mit und ohne Verbrauchskontrolle sowie Betriebsüberwachung

Die Gründe für den Wiederanstieg des Verbrauchs sind identisch mit denjenigen, die vor Beginn des Energiemanagements zu einem unnötig hohen Verbrauchsniveau führten:

- neue Hausmeister erhalten keine Einführung in ihre Anlagen,
- Regelung fallen wieder unbemerkt aus,
- die energierelevanten Aktivitäten in der Verwaltung werden nicht mehr koordiniert
- es werden nicht mehr die effizientesten Anlagen und Geräte gekauft
- etc, etc.

Deshalb müssen sich die Verwaltungsleitung und alle Mitarbeiter darüber im klaren sein, daß das Energiemanagement eine Daueraufgabe darstellt.

6 Wie wichtig sind Ziele im Energiemanagement?

Markus Duscha, Heidelberg

Über die Zielsetzung des Energiemanagements scheint man sich keine großen Gedanken machen zu müssen. Natürlich sollen Kosten gespart und die Umwelt entlastet werden. Da sich bei sehr vielen Einsparmaßnahmen beide Ziele zugleich realisieren lassen, wird die Diskussion hierüber selten geführt.

In diesem Kapitel soll nun gezeigt werden, warum es trotzdem eine große Rolle spielt, die **genaue** Zielsetzung (mit der Gewichtung möglicher Teilziele) des Energiemanagements in der jeweiligen Verwaltung festzulegen und welche Kriterien an die Formulierungen der Ziele zu stellen sind.

Die Bedeutung exakt festgelegter Ziele im Energiemanagement ergibt sich aus ihren **drei wichtigen Funktionen**:

- Erstens wird das Energiemanagement anhand der Zielsetzung **in die Gesamtstrategie der Verwaltung integriert**. Ansonsten erhalten die notwendigen Maßnahmen keine ausreichende Akzeptanz und Unterstützung bei ihrer Umsetzung.

- Zweitens werden Ziele zur **Ableitung konkreter Entscheidungskriterien** benötigt. Häufig zu treffende Entscheidungen zur Umsetzung von Einsparmaßnahmen lassen sich somit vereinfachen und beschleunigen, da nicht jedesmal wieder grundsätzliche Fragen geklärt werden müssen.

- Drittens wird an den Zielen **das später tatsächlich Erreichte gemessen und bewertet**. Gegebenenfalls müssen Kurskorrekturen erfolgen, falls die Abweichungen zu groß sind. Somit beeinflussen Ziele neben den alltäglichen auch mittel- und langfristige Entscheidungen.

6.1 Integration des Energiemanagements in die übergeordneten Ziele der Verwaltung – Haushaltsentlastung und Umweltschutz

Damit gewährleistet wird, daß das Energiemanagement hinreichend in die Gesamtstrategie der Verwaltung integriert wird, müssen sich seine Zielsetzungen an den übergeordneten Zielen der Verwaltung bzw. ihrer Lenkungsinstitutionen (z.B. der Kommunalpolitik in Städten) orientieren. Zu den wichtigsten übergeordneten Zielen, zu denen das Energiemanagement beitragen kann, gehören:

- solide und sparsame Haushaltsführung (Haushaltsentlastung)
- Schutz der Umwelt

Während bis in die Mitte der 90'er Jahre dem Schutz der Umwelt eine zunehmende Bedeutung in der Landes- und Kommunalpolitik beigemessen wurde, zwingen die finanziellen Engpässe in den öffentlichen Kassen seitdem zu einer fast ausschließlichen Betonung der sparsamen Haushaltsführung. Seither kommt es zu verschärften Zielkonflikten, da sich Ende der 80'er bzw. Anfang der 90'er Jahre viele Kommunen deutliche Minderungen ihrer Kohlendioxidemissionen (CO_2) bis zum Jahr 2005 oder 2010 als Ziel setzten. Die Städte im Klimabündnis[1] zum Beispiel möchten bis zum Jahr 2010 die Hälfte ihrer CO_2-Emissionen bezogen auf das Jahr 1987 vermeiden. Solche hoch gesteckten umweltpolitischen Ziele verlangen aber auch nach entsprechender finanzieller Unterstützung, die nun nicht mehr in jedem Fall gewährleistet ist.

Derartige Verschiebungen und Konflikte bei den übergeordneten Zielen haben natürlich auch Auswirkungen auf die Zielsetzungen und Entscheidungen im Energiemanagement der betreffenden Verwaltungen.

---

[1] Im Klimabündnis haben sich weltweit Städte zusammengeschlossen, die sich besonders aktiv für den Klimaschutz einsetzen.

Glücklicherweise werden in vielen Fällen Energiesparmaßnahmen zu beiden Zielen beitragen, ohne daß sich ein Zielkonflikt ergibt. Dies gilt für alle Maßnahmen mit sehr geringer Amortisationszeit.

Als Beispiel sei hier die nachträgliche Dämmung von Heizungsrohren in unbeheizten Kellern aufgeführt. Diese Maßnahme ist üblicherweise sehr wirtschaftlich und trägt zugleich zur Emissionsreduzierung der Heizungsanlage bei.

Das andere Extrem stellen Maßnahmen dar, die selbst **langfristig unwirtschaftlich** sind (d.h. Amortisationszeit länger als Lebensdauer der Maßnahme), aber sehr stark zur Umweltentlastung beitragen.

Das kann zum Beispiel bei einer nachträglichen Außenwanddämmung der Fall sein. Obwohl bei älteren Gebäuden durch die Außenwanddämmung häufig der höchste Emissionsminderungseffekt aller möglichen Einzelmaßnahmen erreicht wird, führen die hohen Investitionskosten zu langen Amortisationszeiten.

In solchen Fällen kommt es auf die Gewichtung der übergeordneten Ziele „Haushaltsentlastung" und „Umweltschutz" sowie die daraus abgeleiteten Entscheidungskriterien an, wie über die Umsetzung solcher Maßnahmen entschieden wird. Wenn der Schwerpunkt der Ziele deutlich auf der Haushaltsentlastung liegt, werden nur kurzfristig wirtschaftliche Maßnahmen (d.h. mit kurzen Amortisationszeiten) realisiert. Je stärker der Umweltschutz betont wird, desto eher werden auch langfristig wirtschaftliche oder sogar unwirtschaftliche Maßnahmen umgesetzt.

An dieser Stelle muß betont werden, daß es sich bei der klassischen Wirtschaftlichkeitsbetrachtung, wie sie hier zugrunde gelegt wird, lediglich um **eine betriebswirtschaftliche Sichtweise** handelt. Kosten, die durch die Umweltverschmutzung verursacht, aber nicht vom Verursacher getragen werden, fließen in diese Betrachtung nicht mit ein (sogenannte **externe Kosten**). Hierzu zählen z.B. die Ausgaben der Krankenkassen für die Behandlung umweltbedingter Krankheiten. Diese Art der Kosten wird zumeist durch „die Allgemeinheit" aufgefangen (in diesem Fall alle Versicherten der Krankenkassen). Volkswirtschaftlich gesehen wird dieses Geld jedoch nicht produktiv sondern kurativ eingesetzt. Aus diesem Grund ist es bei einer **volkswirtschaftlichen Betrachtungsweise** durchaus gerechtfertigt, auch betriebswirtschaftlich unwirtschaftliche Maßnahmen in bestimmten Grenzen durchzuführen. Insbesondere **öffentliche** Haushalte und ihre Träger haben auch für diese volkswirtschaftlichen Aspekte Verantwortung.

Verwaltungen, die diese Argumentation in ihre Zielsetzung des Energiemanagements aufgenommen haben, sind zum Beispiel die Stadt Darmstadt und die Verwaltung der bayerischen Landesgebäude.

6.2 Ableitung von Entscheidungskriterien

Um aus den Zielen des Energiemanagements Entscheidungskriterien für den Alltag ableiten zu können, müssen die Ziele konkret genug und eindeutig formuliert sein. Die übergeordneten Ziele „Haushaltsentlastung" oder „Schutz der Umwelt" erfüllen diese Anforderung beide noch nicht. Hinter ihnen verbergen sich jeweils eine Reihe von Unterzielen, die zudem teilweise untereinander konkurrieren. Dies wird hier anhand von Beispielen verdeutlicht und es werden konkrete Entscheidungskriterien vorgeschlagen.

Beim **„Schutz der Umwelt"** können beispielsweise **globale und lokale Zielsetzungen** aufeinanderprallen. Eine Stromspeicherheizung, die lokal im Vergleich zu einer Gas- oder Ölheizung zu einer Minderung an Schadstoffemissionen beiträgt (weil keine Verbrennungsabgase vor Ort entstehen), führt global jedoch zu höheren CO_2-Emissionen. Hier muß in der Zielsetzung eine Orientierung enthalten sein, welches der beiden Kriterien eindeutig das stärkere Gewicht erhält.

Die lokale Schadstoffbelastung konnte in der Vergangenheit drastisch vermindert werden. Dies liegt an der Optimierung der Verbrennungsprozesse bei Kohle, Öl und Gas sowie am Einbau verbesserter Filtertechnik in den letzten Jahrzehnten. Problematisch bleiben weiterhin starke Belastungen durch Industrie und Verkehr in Ballungszentren. In solchen Belastungsgebieten muß sorgfältig zwischen lokalen und globalen Umweltschutzzielen abgewogen werden. Wenn dort mittel- und langfristig weiterhin eine hohe lokale Grundbelastung zu erwarten ist, sollten Entscheidungen des Energiemanagements lokale Umweltaspekte in den Vordergrund stellen, um die Situation nicht noch mehr zu verschlechtern. Ansonsten können sich Entscheidungen verstärkt an den globalen Zielen orientieren.

Beim **Ziel der kommunalen „Haushaltsentlastung"** muß verdeutlicht werden, ob eine Entlastung des Vermögens-, des Verwaltungs- oder sinnvollerweise des

Gesamthaushalts gemeint ist. Ausschließlich im letzteren Fall kann das Kriterium der „Wirtschaftlichkeit" zum Tragen kommen, weil nur dann Ausgaben des Vermögenshaushalts mit Einsparungen im Verwaltungshaushalt verrechnet werden können (vgl. Kap. 12 zur Strukturproblematik kommunaler Haushalte).

Abgeleitete **Entscheidungskriterien** (auf der Basis des Wirtschaftlichkeitskriteriums) zur Umsetzung von Energiesparmaßnahmen können dann zum Beispiel folgendermaßen aussehen:

A) Mittelfristige Amortisationszeit für Einzelmaßnahmen

Eine einzelne Maßnahme darf nur dann umgesetzt werden, wenn sie ihre Kosten mittelfristig, z.B. innerhalb von maximal 10 Jahren, durch die Einsparungen trägt. Langfristig wirtschaftliche Maßnahmen dürfen in diesem Fall nicht realisiert werden. Dies kann insbesondere Dämmaßnahmen der Gebäudehülle betreffen (Wand, Dach), die überwiegend zu großen Umweltentlastungen beitragen. Da sie nur im Rahmen der selten durchzuführenden Sanierungsarbeit sinnvoll integrierbar sind, ist die Chance zu ihrer Umsetzung häufig für Jahrzehnte vertan.

B) Mittelfristige Amortisationszeit für Maßnahmenpakete

Eine Maßnahme darf realisiert werden, wenn sie gemeinsam mit anderen geplanten Maßnahmen zu durchschnittlich mittelfristigen Amortisationszeiten, von z.B. maximal 10 Jahren, führt. Dieses Kriterium hat gegenüber dem Bezug auf Einzelmaßnahmen den Vorteil, daß kurz- bis langfristig wirtschaftliche sowie eventuell unwirtschaftliche Maßnahmen bei insgesamt akzeptablen Amortisationszeiten kombiniert werden können. Ein Beispiel für ein solches Maßnahmenpaket wird in Tab. 6-1 gezeigt.

Als weitere Rahmenbedingung ist festzulegen, ob die Maßnahmen des Pakets entweder am selben Gebäude (unabhängig vom Zeitraum) oder im selben Zeitraum (z.B. ein Haushaltsjahr) umgesetzt werden müssen. Durch die erste Bedingung wäre eher gewährleistet, daß alle Maßnahmen an einem Gebäude im Laufe der Zeit realisierbar sind. Die zweite Bedingung legt den Schwerpunkt mehr auf eine kontinuierliche Auswirkung der Maßnahmen auf den Haushalt. Sie ist jedoch

Tab. 6-1: Beispiel eines Maßnahmenpakets mit durchschnittlich mittelfristiger Amortisationszeit

Maßnahme	typische Amortisationszeit	
Sanierung der Innenraumbeleuchtung	kurzfristig	bis zu 5 Jahren
Einbau einer neuen Heizungsregelung	kurzfristig	bis zu 5 Jahren
Dämmung der Heizungsrohre	kurzfristig	bis zu 5 Jahren
Dämmung der Obergeschoßdecke	mittelfristig	bis zu 10 Jahren
Außenwanddämmung	langfristig	mehr als 10 Jahre

nur dann sinnvoll anwendbar, wenn eine genügend große Anzahl von Gebäuden existiert, so daß innerhalb des gewählten Zeitraums die Chance besteht, tatsächlich solche „Pakete" zu schnüren.

C) „Zwei-Drittel-Wirtschaftlichkeit"[2]

Eine Maßnahme darf umgesetzt werden, wenn sie im Laufe der kalkulierten Lebensdauer mindestens zwei Drittel ihrer Kosten durch die Einsparung trägt. Die Entscheidung für eine Maßnahme ist hier also noch nicht einmal an eine langfristige Wirtschaftlichkeit geknüpft. Sogar in Grenzen (betriebswirtschaftlich) unwirtschaftliche Maßnahmen dürfen ohne weitere Bedingungen durchgeführt werden. Dieses Kriterium ist aus der Argumentation zu den volkswirtschaftlichen (externen) Kosten des Energieeinsatzes abgeleitet (s.o.) und legt den Schwerpunkt eher auf die Betrachtung des Umweltschutzes. Hiermit kann das Ziel einer Haushaltsentlastung nicht sicher erreicht werden, wenn nicht weitere Bedingungen formuliert werden (z.B. zur obligatorischen Kombination unwirtschaftlicher mit kurzfristig wirtschaftlichen Maßnahmen, vgl. Entscheidungskriterium B)

Welches dieser oder ähnlicher Kriterien für die Entscheidungsfindung in einer Verwaltung gewählt wird, hängt, wie oben ausgeführt, von den übergeordneten Zielsetzungen ab. Das Kriterium der Wirtschaftlichkeit an Maßnahmenpakete zu binden, bietet dabei die Möglichkeit, eine Mischung aus kurz-, mittel- und langfristigen Maßnahmen durchzuführen (s. Entscheidungskriterium B). Dies stellt

---

[2] In Anlehnung an die Vorgabe der Stadt Darmstadt.

einen guten Kompromiß zwischen ökologischen und ökonomischen Anforderungen dar.

Außer der Wirtschaftlichkeit steht natürlich die Frage nach der **Finanzierbarkeit** von Maßnahmen immer wieder als Entscheidungskriterium im Mittelpunkt. Daß sich dieses Problem bei wirtschaftlichen Maßnahmen jedoch prinzipiell in eine Frage der **Organisation der Finanzierung** umwandeln läßt (und damit zumeist lösbar wird), erläutern die Beiträge im Teil III dieses Buches.

6.3 Ziel erreicht? – Überprüfbarkeit von Zielen

Ob das Energiemanagement auf dem richtigen Weg ist bzw. schließlich den Wunschvorstellungen der Verwaltungsleitung gemäß bearbeitet wurde, läßt sich erkennen, indem das tatsächlich Erreichte mit dem (ursprünglichen) Ziel verglichen wird. Insofern stellen die Ziele den entscheidenden Bewertungsmaßstab dar, anhand dessen der Prozeß beurteilt wird. Dies soll anhand des sogenannten „Management-Kreises" verdeutlicht werden (s. Abb. 6-1).

Zu den **grundlegenden Funktionen** des Managements gehören nach der allgemeinen Betriebswirtschaftslehre (nach /Wöhe 1973/):

- Ziele setzen
- Planen
- Entscheiden
- Realisieren
- Kontrollieren

Nach Schubert lassen sich diese Funktionen in einem (Management-)Kreis darstellen, um aufzuzeigen, daß es sich um einen **dynamischen, andauernden** Prozeß handelt und weniger um eine einmal abzuarbeitende Abfolge von Aufgaben /Schubert 1972/. Die Betriebs- bzw. die Verwaltungsleitung setzt Ziele, plant, entscheidet über Handlungsalternativen, realisiert und kontrolliert, ob die tatsächliche Lage den Zielen entspricht. Wenn das nicht der Fall ist, können weitere Planungen erfolgen oder aber es müssen sich Rückwirkungen auf die Zielsetzung ergeben. Damit schließt sich der Kreis. Dies alles kann nur gelingen, wenn der Austausch von Informationen, die Kommunikation, funktioniert.

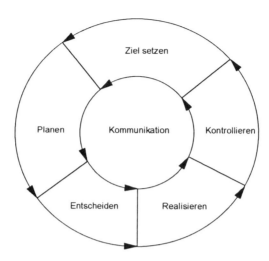

Abb. 6-1: Management-Kreis (nach /Schubert 1972/)

Ohne überprüfbare Ziele wäre der Management-Kreis nicht geschlossen. Entscheidungen über steuernde Eingriffe in den Prozeß würden nicht anhand eines vorgegebenen Vergleichsmaßstabs gefällt, sondern mehr oder weniger willkürlich. Zudem wäre bei etwaigen Maßnahmen der Verwaltungsleitung keine Transparenz gegeben. Diese allgemeinen Aussagen gelten gleichermaßen für das Energiemanagement.

Anforderungen an die Formulierung überprüfbarer Ziele

Damit überprüfbar ist, inwieweit formulierte Ziele erreicht werden, müssen sie zunächst die Anforderung der **Eindeutigkeit** erfüllen. Darüber hinaus ist es erforderlich, daß sie **zeitlich bestimmt** (bis wann sollen sie erreicht sein?) und „**operational**" sind. Unter operational versteht man die Eigenschaft, daß die Ziele in meßbaren, kontrollierbaren Größen vorgegeben sind. Die Verfahren, nach dem die Größen ermittelt werden („Meßverfahren"), müssen zugleich mit festgelegt sein. Damit soll ausgeschlossen werden, daß bei einer möglichen Auswahl von Meßverfahren auf dasjenige zurückgegriffen wird, welches die positivsten Ergebnisse ergibt.

6 Wie wichtig sind Ziele?

Ein ökonomisches, überprüfbares Ziel könnte lauten: Das Energiemanagement muß seine Kosten für Personal und Sachmittel durch die Energiekosteneinsparung decken. Diese Bedingung muß ein Jahr nach Beginn der Arbeit des Energiebeauftragten erfüllt sein. Bei der Ermittlung der Energieeinsparung wird der Heizenergieverbrauch für Raumheizung (Vorjahr sowie aktuelles Jahr) witterungsbereinigt sowie zur Ermittlung der daraus zu berechnenden Energiekosteneinsparung die Energiepreise am Tag des Arbeitsbeginns zugrunde gelegt. Hierdurch soll gewährleistet werden, daß die tatsächliche Leistung des Energiemanagements und nicht die externen Einflüsse (durch Preisänderungen und Witterungsschwankungen) bewertet werden.

Für das übergeordnete Ziel „Schutz der Umwelt" ließe sich konkret und überprüfbar formulieren: Die Minderung der jährlichen CO_2-Emissionen soll innerhalb von 5 Jahren bezogen auf das Ausgangsjahr 15% betragen. Bei der Berechnung der Emissionen sind die Heizenergieverbrauchswerte witterungsbereinigt anzusetzen sowie die Emissionsfaktoren konstant zu halten. Auch diese Bestimmungen im „Meßverfahren" dienen wie im obigen Beispiel dazu, weitestgehend nur die Faktoren zu berücksichtigen, die durch die Verwaltung zu beeinflussen sind.

7 Einführungsstrategie für das Energiemanagement

Markus Duscha, Heidelberg

In diesem Kapitel werden einige Empfehlungen zur Einführung eines Energiemanagements gegeben, die auf den Erfahrungen anderer (kommunaler) Verwaltungen beruhen. Sie sollen helfen,

- typische Fehler zu vermeiden,
- eine realistische Vorstellung des zeitlichen Ablaufs zu gewinnen,
- von Anfang an eine Mischung aus kurz-, mittel- und langfristig wirkenden Maßnahmen zu verfolgen, um einerseits schnelle Erfolge zur Rechtfertigung des Energiemanagements zu erzielen, andererseits eine gute Basis für eine dauernde Verbrauchsminderung zu legen.

Es sei an dieser Stelle zunächst daran erinnert, daß es sich beim Energiemanagement um eine übergreifende Aufgabe handelt, die viele Stellen der Verwaltung tangiert. Durch die Einführung eines konsequenten Energiemanagements verschieben sich fast immer bisherige Kompetenzbereiche innerhalb der Verwaltung (vgl. Kap. 5.2). Durch diese Verschiebungen kann es anfangs zu nicht unerheblichen Widerständen kommen. Hier ist neben einer entsprechenden Sensibilität die Unterstützung von höchster Stelle von Bedeutung. Die wichtigste Rahmenbedingung für eine erfolgreiche Einführung des Energiemanagements ist deshalb der Wille der Verwaltungs**leitung**, die dafür nötigen Strukturen zu schaffen. Nur mit ihrer Unterstützung sind viele der Startschwierigkeiten zu überwinden und die nötigen Veränderungen erreichbar.

Der Ablauf der Einführung kann sich an folgendem Schema orientieren (Tab. 7-1).

Tab. 7-1: Ablaufschema: Einführung des Energiemanagements (EM); u.a. in Anlehnung an /BINE 1991/.

Phase	Schritt	Hinweis
Vorbereitung (1/2 bis 1 Jahr)	Arbeitskreis EM bilden	
	Vorstellung: Ziele und Aufgaben des EM	
	Aufgabencheck: Welche Energiemanagementaufgaben werden in welchem Umfang schon jetzt von wem bearbeitet? Welche müssen ergänzt werden?	Anhang: Checkliste EM
	Hinweise auf Einsparpotentiale zusammentragen	
	Ziele klären; EM-Konzept (Aufgabenverteilung) und Konzept zur Einführung erarbeiten	Kap. 5 u. 6
	Personal- und Sachmittelbedarf klären: Einrichtung einer Stelle für einen Energiebeauftragten und Einstellung von Sachmitteln für kleinere Investitionen, EDV sowie Meßgeräte	Kap. 5
Beginn des EM 1. Phase (3 bis 6 Monate)	1. Gebäudebegehungen	
	Vorstellung bei Hausmeistern	
	1. Datenaufnahme/Grobdiagnose	Kap. 3.2
	Einleitung von Sofortmaßnahmen	u. Anhang
	Überprüfung von Tarifen	Kap. 3.5
	Gebäudeaufnahme vorbereiten	Kap. 3.2
	Verbrauchserfassung vorbereiten	Kap. 3.1
	EDV-Konzept erarbeiten und umsetzen	Kap. 4.1
	1. Hausmeistertreffen/ Erfahrungsaustausch	Kap. 3.8
	Datenaufnahme Gebäude	Kap. 3.2
	Hausmeisterschulung	Kap. 3.8
	Dienstanweisung Energie	Kap. 5.3 u. Anhang
	Prioritätenliste erstellen	Kap. 3.3
	1. Zwischenbilanz im Arbeitskreis	
2. Phase (6 bis 9 Monate)	Regelmäßige Verbrauchsdatenauswertung	Kap. 3.1
	Umsetzung erster Maßnahmen	Kap. 2
	Betreuung der Hausmeister	Kap. 3.8
	Weitere Betriebskontrollen	Kap. 3.4
	Beginn der Sanierungs- und Finanzierungsplanung	Kap. 3.3
3. Phase (etwa ein Jahr nach Beginn)	1. Jahresauswertung und Bericht an Verwaltung (und Politik)	
	Personal- und Sachmitteleinsatz anpassen	Kap. 5.5
	Alternative Finanzierungskonzepte entwickeln	TEIL III

7 Einführungsstrategie für das Energiemanagement

Zunächst muß die Verwaltungsleitung einen **verwaltungsinternen Arbeitskreis** einberufen, der die Vorbereitungen zur Einführung des Energiemanagements trifft. In diesem Arbeitskreis müssen die wichtigsten relevanten Ämter/Dienststellen inklusive der Leiter/Führungskräfte vertreten sein. Hierzu zählen in Kommunen z.B. die Kämmerei, das (Hoch-)bauamt, Hauptamt, Umweltamt, Amt für Schulen, Kultur und Sport etc. Es sollte für die Koordination der Vorbereitungsphase eine verantwortliche Person aus diesem Kreis benannt werden. Der Arbeitskreis sollte das Energiemanagement jedoch auch nach der Vorbereitungsphase weiterhin begleiten, um die nötige, übergreifende Kommunikation zu gewährleisten.

Nachdem der Arbeitskreis eine Einführung in Ziele und Aufgaben des Energiemanagements erhielt, sollte hier ein „**Aufgabencheck**" erfolgen. Dabei wird geklärt, welche Aufgaben von wem in welchem Umfang jetzt schon wahrgenommen und welche dringenden Aufgaben noch nicht bearbeitet werden.

In einem weiteren Schritt sollten **erste Hinweise auf das mögliche Einsparpotential** der verwalteten Gebäude gesammelt werden, um Argumente für die weitere Umsetzung zu erhalten und den vertretbaren Aufwand für das Energiemanagement abzuschätzen. Wenn zum Beispiel bisher weder eine Betriebsführung, eine Hausmeisterschulung noch eine Verbrauchskontrolle im Sinne der in Kapitel 3 beschriebenen Aufgaben durchgeführt wird, kann bei der Heizenergie von einem kurzfristig erreichbaren Einsparpotential von mindestens 10% ausgegangen werden. Weitere Hinweise kann man erhalten durch (soweit Daten hierzu vorliegen oder schnell zusammengestellt werden können):

1. absolute jährliche Energiekosten
   (in Kommunen bezogen auf Einwohnerzahl, vgl. Kap. 1).
2. die Energieverbrauchskennwerte (vgl. Kap. 3.2 Energiekennwerte)
3. die Ergebnisse von Gebäudegrobdiagnosen (s. Anhang: Begehungscheckliste)
4. evtl. schon vorliegende Gebäudefeindiagnosen

Für die Abschätzung des Einsparpotentials können auch externe, qualifizierte Büros beauftragt werden. Diese übernehmen dann die o.g. Aufgaben, die Energiekennwerte zu ermitteln sowie für ausgewählte Gebäude Grob- und evtl. Feindiagnosen durchzuführen. Die erstellten Gutachten müssen die erhobenen Daten in einer solchen Form aufbereiten (d.h. sehr detailliert), daß sie als Datengrundlage für einen anschließenden Einstieg ins Energiemanagement geeignet sind (vgl. Kap. 3.2.1). Die Kosten für solche Gutachten hängen stark von der Anzahl der Gebäude sowie der Zahl der Grob- und Feindiagnosen ab.

In einem nächsten Schritt wird im Arbeitskreis ein **Konzept des geplanten Energiemanagements** erarbeitet. Hierzu gehört insbesondere die Festlegung der Ziele sowie der Aufgabenverteilung und Kompetenzen zwischen den beteiligten Stellen. Zudem muß ein Zeitplan für die nächsten Schritte der Einführung einschließlich der zu erreichenden Zwischenschritte abgestimmt und festgehalten werden.

Dieses Konzept sowie die Abschätzung des Einsparpotentials dienen als Grundlage für die **Ermittlung des Personal- und Sachmittelbedarfs**. Üblicherweise wird in Kommunen mit mehr als 15.000 Einwohnern eine Stelle für einen Energiebeauftragten geschaffen werden müssen, um das erforderliche Aufgabenspektrum bewältigen zu können. Zugleich sollten Sachmittel für kleinere Energiesparinvestitionen, die EDV-Ausstattung sowie einige Meßgeräte beantragt werden, damit von Anfang an ein effizientes Arbeiten gewährleistet wird. Die Bewilligung dieser Forderungen wird in Zeiten knapper Kassen nicht leicht fallen. Dieses Buch liefert hoffentlich genügend überzeugende Argumente, die zur Durchsetzung der benötigten Finanzen beitragen.

Nach der Ernennung/Einstellung des Energiebeauftragten **beginnt die eigentliche Arbeit des Energiemanagements**. Die einzelnen Schritte werden hier nicht mehr ausführlich erläutert, da sie in anderen Kapiteln dieses Buches behandelt werden (s. die Hinweise in der Tab. 7-1). Nur einige Begründungen für die gewählte Zuordnung zu den einzelnen Phasen seien hier genannt:

Das **Vertrauensverhältnis zu den Hausmeistern** ist zunächst über das persönliche Kennenlernen und die Organisation eines ersten Erfahrungsaustausches aufzubauen. Der Energiebeauftragte sollte zunächst also eher als Berater denn als Kontrolleur auftreten. In einem weiteren Schritt sollten die Schulungen erfolgen, die auch die Grundlage für die Ausführung der nachfolgenden Dienstanweisung legen. Bei einer Einbeziehung der Hausmeister in dieser Reihenfolge ist die Chance für eine erfolgreiche Kooperation zumindest nicht durch den Energiebeauftragten verstellt worden.

Die Verwaltungsleitung sowie der Arbeitskreis Energiemanagement sollten den Energiebeauftragten innerhalb des ersten Jahres intensiv begleiten und unterstützen. **Nach jeder Phase sollte eine Zwischenbilanz** gezogen werden, die eventuell weitere Anpassungs- und Optimierungsschritte innerhalb der Verwaltung nach sich zieht. Hierzu kann u.a. die Einstellung weiteren Personals zur Unterstützung des Energiebeauftragten gehören, die Umwandlung in eine Stabstelle, die Umverteilung von Aufgaben, etc.

Abschließende Empfehlungen

Dieser Abschnitt endet mit zwei Empfehlungen, deren Beachtung die reibungsarme und schnelle Einführung des Energiemanagements deutlich erleichtern wird:

Erstens sollten Personen, die sich auf dem Gebiet der Energieeinsparung innerhalb der Verwaltung schon betätigt haben, auf jeden Fall einbezogen werden. Und dies nicht nur, um das vorhandene Wissen zu nutzen, sondern auch, um keine unnötigen, bremsenden Gegenreaktionen auszulösen.

Aus dem gleichen Grund gilt auch die zweite Empfehlung, während der Einführung nicht die Schuldfrage (in den Mittelpunkt) zu stellen: „Wer trägt die Schuld dafür, daß es bisher so (schlecht) lief?" Natürlich hätten einzelne Personen an bestimmten Stellen besser im Sinne einer größeren Energieeffizienz handeln können. Solange dies aber nicht als explizites Ziel in der Verwaltung formuliert war sowie die personellen, finanziellen und strukturellen Grundlagen dafür nicht geschaffen waren, ist die Suche nach individuell Verantwortlichen eher kontraproduktiv.

Dies kann zum Beispiel für Mitarbeiter aus dem Hochbauamt gelten, die bisher aufgrund mangelnder finanzieller Mittel nicht viel erreichen konnten und sich nun durch die Einsetzung eines Energiebeauftragten „vor ihrer Nase" nicht gerecht behandelt fühlen. Wenn solche Mitarbeiter künftig bei der Kooperation blocken (z.B. wichtige Informationen nicht herausgeben, „Das weiß ich auch nicht"), kann eine zügige Umsetzung gefährdet werden.

Energiemanagement ist und bleibt eine Aufgabe für die gesamte Verwaltung. Diese Leitlinie sollte insbesondere während der Einführung nicht vergessen werden.

Teil II:

Erfahrungen und Beispiele

Wir bemühen uns, die von Gott anvertrauten Güter
sehr gewissenhaft zu verwalten, friedfertig,
angemessen und mit Dankbarkeit.
Ihren Erwerb und ihre Verteilung besorgen wir mit
größter Unparteilichkeit, ihren Gebrauch mit
größtem Maßhalten und ihre Erhaltung mit
größter Behutsamkeit

Joh. Valentin Andreae
„Christianopolis" 1619

8 Kommunales Energiemanagement in Deutschland
Bundesweite Umfrage unter Städten von 20. - 100.000 Einwohnern

Dr. Gottlieb Römer, Goslar

„Es war einmal ein Praktikant, seines Faches Agraringenieur und Fachkraft im technischen Umweltschutz, wohnhaft in einer kleinen, verträumten Stadt. Der wollte 1994 das Projektthema „Energiesparen im kommunalen Bereich" bearbeiten.

Er machte sich auf die Reise zu den Pilgerstädten des kommunalen Energiesparens: Detmold, Göttingen, Hannover ... Vollbeladen mit erlebter Gastfreundlichkeit, Ermutigung und Rat traf unser Praktikant wieder in seiner Heimatstadt ein, die noch nichts Genaues von ihren Energiekosten und Einsparmöglichkeiten wußte.

Bei den Überlegungen, wie das Energiesparen Gestalt gewinnen könnte, tauchten immer mehr Fragen auf. Diese wurden gesammelt und kurzerhand als Fragebogen an über 500 Städte verschickt. Viele antworteten, hatten selbst wieder Fragen aber auch Ratschläge und Erfolge beim Energiesparen. Es entstand ein reger Austausch. Ermutigt durch einige hoffnungsvolle Bei-

spiele wurde ein größeres Pilotprojekt[1] geschneidert, um vor Ort konsequent Energie und Kosten einzusparen... "

Soweit zur Vorgeschichte und Idee dieser bisher wohl umfangreichsten Umfrage unter Mittelstädten zum kommunalen Energiemanagement.

Da die Stadt Goslar ihre Bemühungen um einen rationellen und umweltverträglichen Energieeinsatz bei den eigenen Liegenschaften und darüber hinaus verstärken wollte, aber auf diesem Gebiet nur wenig eigene Erfahrungen vorlagen, sollten mit Hilfe der Fragebogenaktion Erfahrungen vergleichbarer Städte verfügbar gemacht werden. Es wurden im Mai 1994 542 Kommunen mit 20. - 100.000 EW zu ihren Strukturen im Energiebereich sowie Erfahrungen der entsprechenden Stellen bei Planung und Durchführung der Energierationalisierung befragt.

Die 49 Fragen gliederten sich in 7 Bereiche:
- Organisationsstruktur -Energie-
- Technische Ausstattung, EDV
- Zusammenarbeit innerhalb/außerhalb der Verwaltung
- Modelle, Konzepte, Instrumente
- Maßnahmen im nichtinvestiven/investiven Bereich
- Einsparungen
- Erfahrungen

---

[1] In diesem Pilotprojekt sollten zunächst die grundlegenden Bedingungen für die Einführung eines EDV-gestützten Energiemanagements in Goslar geschaffen werden. Dabei wurde mit der Niedersächsischen Energieagentur zusammengearbeitet und eine Unterstützung des Landes Niedersachsen und der Nordharzer Kraftwerke in Anspruch genommen.

8.1 Selten und gut – der Energiebeauftragte (EB)

Die Rücklaufquote der Umfrage war mit 40 Prozent erfreulich hoch. Die Kernaussage lautet kurz und schmerzhaft: 25% der Kommunen verfügen über eine(n) Energiebeauftragte(n) (EB) oder aber führen eine konsequente Energiebewirtschaftung ihrer Liegenschaften durch.

15% der **Städte ohne EB** halten ihre Planungen und Umsetzungen energierelevanter Fragen im Hinblick auf die Zukunft für ausreichend. 90% dieser Städte halten die Einrichtung einer Stelle eines EB für nicht möglich oder ungewiß, wobei vorwiegend fehlende Finanzmittel als Haupthinderungsgrund angeführt wurden. Die freien Kommentare der Kommunen hierzu zeigen, daß durch festgefahrene Strukturen und einen fehlenden Anstoß (von innen oder außen) eine große Unsicherheit in der Beurteilung der Sinnhaftigkeit einer solchen Stelle besteht.

Bei der Planung und Durchführung von Energiesparmaßnahmen unternehmen diese Kommunen durchaus Aktivitäten wie Verbrauchsdatenerhebung und -überwachung, Erstellung von Energiesparkonzepten usw., die durch verschiedene Ämter, vorwiegend jedoch durch die Bauverwaltung „miterledigt" oder „betreut" werden. Energie- und Kosteneinsparungen wurden von diesen Kommunen jedoch nicht genannt.

8.2 Mit gutem Beispiel voran

84% der **Städte mit EB** erhoffen sich durch die Aktivitäten im Energiebereich eine Kostensenkung. 50% nannten Umweltaspekte, wie CO_2-Reduzierung als wesentlichen Anlaß zur Einrichtung einer solchen Stelle.

Im Zeitraum von 1981 - 94 haben über 40% dieser Kommunen dafür eine unbefristete Stelle geschaffen, die meistens im Hochbauamt angesiedelt und dem Amtsleiter unterstellt ist. Ein Drittel der angestellten EB verfügt über eine Ingenieurausbildung, die gehaltsmäßig im Bereich von BAT IV bis III eingestuft ist. Die Weisungsbefugnis der EB erstreckt sich in über 60% der Städte auf Hausmeister und Wartungsfirmen, während bei 30% der Befragten auch eine Weisungsbefugnis gegenüber Sachbearbeitern innerhalb der Verwaltung gegeben ist.

In den meisten Fällen (69%) hat der EB keinen eigenen Haushalt für Investitionen zur Verfügung. Geldmittel für Gutachten, Meßgeräte, usw. fließen statt dessen aus anderen Titeln des Haushaltes. Genannt wurden z. B. Titel wie Bauunterhaltung, Stadtplanungsetat, Sachbedarf, usw. In den Fällen, in denen ein eigener Haushaltstitel vorhanden ist, reicht die Bandbreite der zur Verfügung stehenden Mittel von 3.000 - 250.000 DM. Eine Zuordnung der Höhe der Haushaltsmittel nach Größe der Kommune konnte anhand der Umfrage nicht vorgenommen werden.

Die befragten Städte mit EB bestätigten, daß das Arbeitsfeld den gesamten Energiebereich (Heizung, Beleuchtung, Wasser, usw.) beinhaltet, jedoch auf die kommunalen Gebäude beschränkt ist. Nur 21% gehen den Schritt nach „draußen" und bieten eine Energieberatung für Bürger an.

Daß die Frage nach der Erfüllung fachfremder Aufgaben von der Hälfte der Beteiligten positiv beantwortet wurde, läßt darauf schließen, daß das Arbeitsfeld bzw. die Arbeitsplatzbeschreibung des EB nicht klar genug abgegrenzt ist (werden kann?).

Nur ein Viertel der befragten Kommunen mit EB verfügen über Kooperationsgremien (Energieleitstelle, AG Energie, usw.) innerhalb der Verwaltung und nur 17% kooperieren mit externen Stellen. Einzelnennungen zeigen jedoch, daß es durchaus positive Beispiele für verschiedenste funktionsfähige Arbeitsgruppen gibt, die als Anregung auch für andere Städte dienen können.

8.3 Nützlich, aber mit Tücken – der EDV-Einsatz

Große Defizite gibt es bei der Nutzung der EDV im Energiebereich. 57% der Befragten halten den EDV-Einsatz zwar für unerläßlich, aber es treten häufig Softwareprobleme auf oder der Zeitaufwand für die Bedienung der EDV wird nicht erbracht.

65% der befragten Städte haben einen Personalcomputer, auf dem neben Standardanwendungen wie Textverarbeitung und Tabellenkalkulation auch eine Vielzahl von Programmen zur Verbrauchserfassung und Energieeinsparung „laufen". Datenbanksysteme und Grafikprogramme werden zudem verwendet.

Bei der eigenen Testung von marktgängigen Anwenderprogrammen zur Liegenschaftsverwaltung und Verbrauchsdatenerfassung waren die Ergebnisse für die Stadt Goslar ernüchternd. Die Korrespondenz mit vielen anderen Kommunen ergab, daß entsprechende Software zwar vorhanden, aber nur teilweise wirklich installiert war. Nur in vereinzelten Fällen wurde die Software auch für die regelmäßige Verbrauchsdatenauswertung genutzt. Die Softwareentwickler und -vertreiber haben versucht, sich auf diese Situation durch verbesserten Support und individuelle Schulung einzustellen. Die Stadt Goslar entwickelt z. Zt. eine eigene Lösung, die vielleicht auch für andere Kommunen interessant sein kann.

8.4 Aller Anfang ist schwer

Daß die Ausgangssituation für einen EB nicht unbedingt leicht ist, wird dadurch bestätigt, daß nur bei 6% der Städte Energieverbrauchsaufzeichnungen zu Beginn des Energiemanagements vorlagen. Die Praxis bestätigt auch, daß es mit zu den ersten Aufgaben eines EB gehört, sich über die Anzahl und Art der Liegenschaften sowie über die zugehörigen Nutzflächen und Verbrauchswerte Klarheit zu verschaffen. Obwohl diese Werte für eine Einsparpotentialabschätzung unerläßlich sind, werden bei 17% der Befragten Verbrauchswerte aus Zeitmangel und wegen des Arbeitsaufwandes nicht erhoben. In 65% der Fälle ermitteln die Hausmeister Zählerstände und Verbrauchswerte meist in monatlichem Turnus.

Die meisten Städte nutzen ein umfangreiches Instrumentarium nichtinvestiver und investiver Maßnahmen zur Energie- und Kosteneinsparung. Vorrangig sind hier zu nennen: Verbrauchsdatenerhebung und -erfassung, Dienstanweisungen, verwaltungsinterne Beratung in Energiefragen, Überprüfung der Energieliefervertäge, Hausmeisterschulung und Optimierung von technischen Anlagen. 52% der Energiebeauftragten führen eine regelmäßige Erfolgskontrolle der Sparmaßnahmen durch. Bei fehlender Erfolgskontrolle liegen die Schwierigkeiten sowohl im organisatorischen wie im technischen Bereich (fehlende Zeit, ungeeignete Zähler, EDV nicht vorhanden usw.).

8.5 Wenn's konkret wird, scheiden sich die Geister

46% der befragten Städte konnten Angaben über die von ihnen erzielten **prozentualen Einsparquoten** machen. Zur **monetären Haushaltsentlastung** haben 44% der Städte mit konsequenter Energiebewirtschaftung keine Zahlen vorgelegt. Teilweise waren Daten unvollständig und damit nicht auswertbar.

Hier zeigt sich, daß in der konsequenten Ausschöpfung der Einsparpotentiale noch erheblicher Handlungsbedarf besteht. Bezogen auf das jeweilige Basisjahr konnten durchschnittlich Einsparquoten von 23% (Heizung), 12% (Strom) und 30% (Wasser) erzielt werden. Das entspricht einer durchschnittlichen monetären Haushaltsentlastung von 458.000 DM (Heizung), 189.000 DM (Strom) und 190.000 DM (Wasser). Nur wenige Städte konnten die durch nichtinvestive Maßnahmen erzielten Einsparungen beziffern. Hier ergaben sich durchschnittlich 130.000 DM/Jahr. Als nichtinvestive Maßnahmen wurden genannt: Hausmeisterschulung, Erfassung und Überwachung der Verbräuche, Kontrolle und Motivation von Nutzern und Bedienungspersonal, Überprüfung der technischen Anlagen.

8.6 Erfolgsbeteiligung als Motivation

Nur 20% der Städte stützen den Energiesektor durch Reinvestierung von zunächst eingespartem Geld. Eine Erfolgsbeteiligung der Organisationseinheiten wird ganz oder nur teilweise in 16% der Fälle erwogen. Auf der Suche nach Erfahrungen gerade auf diesem Gebiet konnte die Stadt Goslar nur auf wenige Beispiele anderer Städte zurückgreifen. Diese zeigen jedoch deutlich, daß eine Erfolgsbeteiligung ein hohes Motivationspotential birgt und ihr Einsatz Bewegung in die Einsparbemühungen bringt.

Das Thema „Contracting"[2] ist bei fast allen befragten Kommunen zumindest von der Umsetzung her neu. Erfahrungen damit hatten nur knapp 2% der Befragten.

---

[2] Erläuterung s. im Kap. 13 im TEIL III des Buches

8.7 Freud und Leid des kommunalen Energiebereiches

Nach ihren Erfahrungen bei der Planung und Umsetzung von Energiesparmaßnahmen befragt, wurden von den EB's knappe Finanzmittel und fehlende Personalausstattung mit Abstand als die größten Probleme genannt. Weiterhin gab es Kooperationsprobleme zwischen den zuständigen Stellen, Probleme in der Ziel- und Prioritätensetzung, Motivationsschwierigkeiten und politisch bedingte Hemmnisse innerhalb der Verwaltung.

Nur 28% der Befragten halten die Zuständigkeiten des EB für klar genug geregelt und die Entscheidungskompetenzen und Weisungsbefugnisse für ausreichend. Durchweg positiv wird die Zusammenarbeit mit den zuständigen Hausmeistern und dem Aufsichtspersonal bewertet. Die Erfahrungen aus vielen Kommunen machen deutlich: Die Arbeit im Energiebereich steht und fällt mit der Persönlichkeit des EB. Hier sind mehr menschliches Geschick und Sensibilität vonnöten, als es der oft so technisch erscheinenden Bereich vermuten läßt.

8.8 Öfters mal auftanken und weiterbilden

Über 60% der EB haben persönlichen Kontakt mit entsprechenden Kollegen in anderen Kommunen. Daß fast 96% der Befragten den Wunsch nach weiteren Austauschmöglichkeiten äußern, zeigt, daß hier ein großer Nachholbedarf herrscht. Das spiegelte sich auch anläßlich des 1. Deutschen Fachkongresses der kommunalen Energiebeauftragten im Herbst 1995 wider. Vielen Interessenten auf der Warteliste mußte für den mit über 200 Teilnehmern aus Landkreisen, Städten und Gemeinden ausgebuchten Kongreß abgesagt werden. In Gesprächen wird immer wieder artikuliert, daß die Arbeit als Einzelkämpfer viel Kraft kostet und die anfängliche Perspektive verloren zu gehen droht.

Gefragt nach Themen, die bei Weiterbildungsangeboten und Austauschmöglichkeiten für die EB von Interesse wären, wurden u.a. genannt: Umsetzung von Energiekonzepten, EDV-gestützte Verbrauchserfassung und -auswertung, Bilanzierung von Energieeinsparungen, Gebäude-Leit-Technik, Vertragsgestaltung mit Energieversorgungsunternehmen und Motivationsstrategien. Viele EB sind, fachlich gesehen, Quereinsteiger und eignen sich das notwendige Wissen im täglichen Vollzug, über Weiterbildungen, Kurse, Fachliteratur usw. an.

8.9 Mut zu Neuem – Es gibt noch viel zu tun; wir in Goslar haben es angepackt

Die Stadt Goslar hatte im Rahmen des oben genannten Pilotprojektes folgende Ziele formuliert:

- Erschließung der Energieeinsparpotentiale für die öffentlichen Liegenschaften der Stadt Goslar mittels Installation einer EDV-gestützten Energiebewirtschaftung unter den Aspekten
  - Umweltentlastung
  - Kosteneinsparung
  - langfristige Sicherung einer rationellen Energiebewirtschaftung
- Einführung eines dauerhaften kommunalen Energiemanagements

Die aus der Umfrage und dem Pilotprojekt gewonnenen Erkenntnisse konnten schon bald in der Erstellung einer Sitzungsvorlage zur Einführung eines kommunalen Energiemanagements in Goslar umgesetzt werden.

Zum 1. 3. 1995 wurde daraufhin vom Rat der Stadt Goslar für zunächst zwei Jahre ein Werkvertrag vergeben, in dem die Energieeinsparpotentiale in den städtischen Liegenschaften aufgezeigt und konsequent ausgeschöpft werden sollen. Hierbei liegt die Betonung auf dem nichtinvestiven Instrumentarium, das vom Auftragnehmer gemeinsam mit den Sachbearbeitern und Nutzern eingesetzt und zu einer 10%igen Kostenentlastung im Energiebereich führen soll. Mit dem Werkvertrag verbunden ist eine Reinvestierung eingesparter Finanzmittel sowie eine Erfolgsbeteiligung der Organisationseinheiten.

Dem Auftragnehmer steht ein Büro mit PC, Software und Telefonanschluß zur Verfügung. Dadurch sind kurze Wege für Abstimmung und Durchführung der Arbeiten gewährleistet. Durch einen jährlichen Rechenschaftsbericht sollen die erzielten Einsparungen aufgezeigt sowie Erfahrungen, Erfolge, Hemmnisse und Schwierigkeiten im gemeinsamen Bemühen um den rationellen Energieeinsatz transparent gemacht werden. Nach Beendigung des Werkvertrages entscheidet der Rat der Stadt neu über die weitere Vorgehensweise.

Im August 1995 wurden auf Initiative des Auftragnehmers eine ABM-Stelle und ein Praktikumsplatz im Bereich des kommunalen Energiemanagements eingerichtet. Verschiedene Maßnahmen (Einzelraumregelung, Gebäude-Leit-Technik, Energiekonzept Schulzentrum) wurden initiiert sowie das Konzept des Energiemanagements in Goslar auf vielen Veranstaltungen der Öffentlichkeit vorgestellt. Die Arbeit des Energiemanagements genießt eine große Akzeptanz bei allen Beteiligten.

Die ersten nachgewiesenen Einsparungen zeigen, daß die ursprüngliche Annahme einer 10% igen Kosteneinsparung im nichtinvestiven Bereich realistisch ist. Die vollständigen Einsparergebnisse werden mit Erscheinen des ersten Rechenschaftsberichtes (April 1996) veröffentlicht.

8.10 Fazit

Zusammenfassend kann festgestellt werden, daß viele Mittelstädte zumindest ahnen, daß ihre Einsparpotentiale groß sind. Daß die finanzielle Haushaltsentlastung durch konsequente Ausschöpfung der vorhandenen Einsparpotentiale grösser ist als die Personalkosten einer EB-Stelle, wird auch noch geglaubt. Es fehlt jedoch am engagierten kreativen Anstoß, der sich, wenn er nur einmal gewagt wird, als durchaus konsensfähig erweisen kann. Positive Beispiele, das hat die Umfrage bestätigt, gibt es viele. Vielleicht wurde allein deshalb von mehr als 80 Städten, die an der Umfrage nicht teilgenommen hatten, die Fragebogenergebnisse angefordert. Die Ergebnisse haben dort hoffentlich verstärkte Aktivitäten im Energiemanagement angestoßen wie in der Stadt Goslar.

9 Beispielhafte kleine und mittlere Kommunen

Thomas Alt und Markus Duscha, Heidelberg

„Energiemanagement lohnt sich nur für große Städte!" Diese Meinung hört man sehr häufig in Gesprächen mit Vertretern kleiner und mittelgroßer Kommunen. Dabei haben bereits einige Städte mit 20.000 bis 100.000 Einwohnern gezeigt, daß sich koordinierte Aktivitäten zum Energiesparen auch bei ihnen auszahlen. Dies geht aus den Ergebnissen der Umfrage von Dr. Römer (Kap. 8) deutlich hervor.

In diesem Kapitel soll nun beispielhaft anhand zweier erfolgreicher Kommunen vorgestellt werden, wie sie Energieeinsparungen erreichten. Stellvertretend für andere Städte fiel die Wahl auf Neukirchen-Vluyn (etwa 26.000 Einwohner) und Gladbeck (etwa 80.000 Einwohner), die in einer Arbeit von Alt über ihre Erfahrungen im Energiemanagement befragt worden waren /Alt 1995/.

9.1 Kommunales Energiemanagement in Neukirchen-Vluyn

Die Stadt Neukirchen-Vluyn liegt in der Nähe von Moers, westlich des Ruhrgebietes im Bundesland Nordrhein-Westfalen. Im Jahr 1991 zählte sie etwa 26.600 Einwohner. 32 kommunale Gebäude werden durch das Energiemanagement betreut.

Beginn des Energiemanagements

Der Beginn des kommunalen Energiemanagements geht in das Jahr 1979 zurück. In der Stadt gab es damals schon einen hohen Anteil Fernwärme, an die weitere Gebäude angebunden werden sollten. Die Schulen, deren Regelung unzureichend nur über einen Schieber erfolgte, waren damals überheizt, so daß man zur Überlegung kam, durch Verbrauchsreduzierung Fernwärmekapazitäten freizumachen. Man begann mit der Verbrauchserfassung und baute zur Verbrauchsreduzierung und Optimierung Regelungsanlagen ein.

Im Jahr 1983 nahm ein Ingenieurbüro seine Arbeit zur Betreuung und Beratung kommunaler Objekte auf. In Zusammenarbeit mit der Stadt Neukirchen-Vluyn begann dort ein Pilotprojekt zur Energieeinsparung der kommunalen Gebäude unter der Bedingung, daß die Stadt eine zuständige Person mit voller Stelle für das Projekt bereitstellt. Dafür wurde ein Mitarbeiter eingesetzt, der schon seit 1973 bei der Stadt im Hochbauamt tätig und seitdem bis heute für das kommunale Energiemanagement zuständig ist.

Durchgeführte Maßnahmen zur Heizenergieeinsparung

Schnelle Erfolge in der Verbrauchsreduzierung wurden durch das Herunterfahren der Raumtemperaturen erreicht. Eine Dienstanweisung über das Bedienen der Heizungsanlagen sowie über maximale Raumtemperaturen wurde erstellt und deren Einhaltung konsequent überwacht. Allerdings hatte der Energiebeauftragte damit auch einen schweren Stand bei den Gebäudenutzern. In den Schulen hängten die Lehrer Thermometer auf, um zu überprüfen, ob tatsächlich die 19°C Raumtemperatur herrschen, die laut gesetzlicher Verordnung zu Schulbeginn gelten müssen. Andere bezeichneten ihn als den „Mann, der das Rathaus kalt macht".

In den Schulen wurden Veranstaltungen außerhalb der Schulzeit räumlich und zeitlich soweit wie möglich zusammengefaßt, um die Heizkreise möglichst optimal auszunutzen. Alle installierten technischen Anlagen wurden auf Zweck und Notwendigkeit überprüft und stillgelegt, wenn sie unnötig waren. Auch andere kleinere Maßnahmen wurden umgesetzt, wie zum Beispiel das Entfernen von Türstoppern, damit Türen nicht unnötig lange offenstehen.

Weitere Energiesparerfolge wurden in der Folgezeit erreicht, indem in sämtlichen Heizungsregelungen Optimierungen erfolgten. Dazu wurden auch DDC-Anlagen eingebaut, die über Kleincomputer gesteuert werden. Die Einstellung sämtlicher Anlagen erfolgt ausschließlich über den Energiebeauftragten.

Erhebliche Verbrauchsreduzierungen wurden auch bei einem Lehrschwimmbecken erzielt. Dort konnte der Heizenergieverbrauch von 3.300 GJ auf 800 GJ durch regelungstechnische Maßnahmen reduziert werde. Das erfordert aber auch, daß der Energiebeauftragte häufig zur Kontrolle vor Ort ist.

Auch die Solarenergie kam zum Einsatz. So wurden im Freibad der Stadt Sonnenkollektorschlangen mit einer Länge von ca. 27 km zur Beckenwassererwärmung ausgelegt. Dies hat ausgereicht, um die Wassertemperatur während der ganzen Saison ohne Nachheizen auf über 20°C zu halten. Obwohl sich die Investitionskosten von 50.000 DM innerhalb eines Jahres amortisiert haben, wurde das Freibad wegen der hohen sonstigen Betriebskosten einige Jahre später geschlossen.

Einsparmaßnahmen an der Gebäudehülle gab es im Vergleich zu Heizungsoptimierungen selten. In kleineren Schulen mit zunächst ungedämmten Spitzdächern wurden diese mit einer Mineralwolleschicht gedämmt. Die meisten einfachverglasten Fenster sind nach Funktionsschäden gegen Zweischeiben-Isolierglasfenster ausgetauscht worden.

Sonstige Maßnahmen

Zur Stromeinsparung wurden fast alle Zweibanden-Leuchten (2.500 Stück) in den Schulen durch Einbanden-Leuchten ersetzt. Der eingesparte Strom wurde allerdings durch Neuanschaffungen von elektrischen Geräten, vor allem Computern, Lehrküchen und Brennöfen, wieder kompensiert.

Für Einsparungen beim Wasser ist ebenfalls das kommunale Energiemanagement zuständig. Hier konnten u.a. durch den Einbau spezieller Urinalbecken, die ohne Wasser auskommen, Erfolge erzielt werden.

Kosteneinsparungen bei der Wartung und Reparatur der Heizungsanlagen konnten durch eine geänderte Reaktion auf Schadensmeldungen erreicht werden. Während früher bei Beschwerden über Mängel an den Heizungsanlagen die betreffende Servicefirma herbeigerufen wurde, wird heute vom Energiebeauftragten der Schaden selbst in Augenschein genommen, da es sich häufig um Kleinigkeiten handelt, die direkt behoben werden können. Weitere Kosteneinsparungen wurden durch Neuabschluß von Versorgungsverträgen erzielt, bei denen die noch häufig

Kommunales Energiemanagement in Neukirchen - Vluyn

Einwohnerzahl (1991): 26.600	Verwaltungshaushalt (1994): 75 Mio DM
Gebäudezahl: 32	Vermögenshaushalt (1994): 17 Mio DM

Energieverbrauch 1989:

absolut <MWh>		pro Einw. <kWh/E>	
Wärme:	8.700	Wärme:	326
Strom:	1.700	Strom:	64
Gesamt:	10.400	Gesamt:	390

Energiekosten 1989:

absolut <Mio DM>		pro Einw. <DM/E>	
Wärme:	0,80	Wärme:	30
Strom:	0,43	Strom:	16
Gesamt:	1,23	Gesamt:	46

Energieverbrauchserfassung seit: 1979
Anzahl der Personen im EM: 0,8
Energieberichte: 1985 und 1991
Energiemanagement - Software: EKOMM 2.0 seit Mitte 1994

Einsparung 1989 im Vergleich zu 1979:
Heizenergie: 4.900 MWh (38 %)   Heizenergiekosten: 180 TDM (27 %)

Bisher durchgeführte Maßnahmen:
Im ersten Jahr: herunterfahren sämtlicher Heizungsanlagen auf angemessene Temperaturen
Durchführen von Hausmeisterschulungen, Dienstanweisungen z.B. über Bedienung von Heizungsanlagen
Erneuerung und Optimierung fast aller Heizungsregelungen
Einbau von DDC-Regelungen in 5 Gebäuden
Stillegung aller unnötigen Anlagen (z.B. Lüftungen)
Einbau von Isolierglasfenstern in fast allen Gebäuden
Nachträgliche Dachdämmung an 6 Gebäuden
Umrüstung der Leuchten mit 2 Lampen- auf 1 Lampensysteme (ca. 2.500 Stück)

9 Beispielhafte kleine und mittlere Kommunen 131

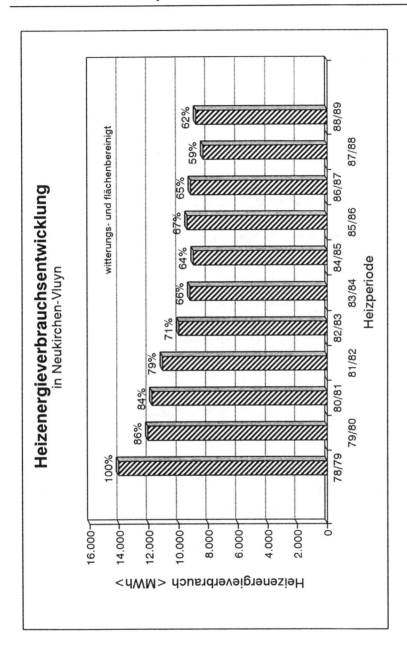

Abb. 9-1: Kommunales Energiemanagement in Neukirchen-Vluyn

überhöhten Anschlußleistungswerte korrigiert wurden. Hierdurch konnten alleine 60.000 DM jährlich eingespart werden.

Für Investitionen standen dem Energiebeauftragten nach der Haushaltsanmeldung durchschnittlich 150.000 DM jährlich zur Verfügung. Ein Teil dieses Geldes wurde jedoch auch für ohnehin fällige Sanierungen eingesetzt.

EDV - Einsatz

Zu Beginn des Energiemanagements wurde die Verbrauchsüberwachung noch nicht über EDV erledigt, sondern per Hand. Als die Gründung von Stadtwerken konkret wurde, kam zur Vorbereitung für zwei Jahre ein Ingenieur zur Hilfe, der für die Verbrauchsüberwachung ein eigenes Programm schrieb, welches noch bis ins Jahr 1990 genutzt wurde.

Dieses Programm war nicht sehr komfortabel und für die Belange des Energiemanagements nicht ausreichend, so daß die Anschaffung einer speziellen Energiemanagement-Software beschlossen wurde. In der Übergangszeit wurde auf die mühselige Auswertung per Hand verzichtet. Allerdings verzögerte sich die Anschaffung so erheblich, daß erst 1995 das Programm EKOMM 2.0 in Betrieb genommen werden konnte. Dadurch entstand ein Loch in der Dokumentation der Heizenergieverbrauchsentwicklung. Zur Zeit ist der Energiebeauftragte damit beschäftigt, die Übertragung der Daten auf das neue Programm durchzuführen und die entstandene Lücke zu schließen.

Einsparerfolge

Die Verbrauchsentwicklung kann zur Zeit nur für die Heizenergie dargestellt werden, da nur sie über diesen langen Zeitraum vollständig festgehalten wurde. Sie ist in Abb. 9-1 seit Beginn der Energieverbrauchsüberwachung dargestellt. Nach 11 Jahren konnten ca. 38% Heizenergie gegenüber dem Anfangsjahr eingespart werden. In diesem Zeitraum konnten 42 MWh Energie und 2,2 Millionen DM eingespart werden. Allein mit dieser eingesparten Energie wäre der Heizenergiebedarf der kommunalen Gebäude über 5 Jahre zu decken /Neukirchen-Vluyn 1991/.

Auffallend ist die Stagnation der Kurve nach etwa 6 Jahren. Dies liegt laut dem Energiebeauftragten daran, daß in der Heizungsregelung alles ausgereizt ist. Selbst durch höheren Personaleinsatz sind hier keine weiteren Erfolge zu erwarten. Durch investive Maßnahmen (Brennwerttechnik statt Niedertemperaturkessel) wären nochmals Einsparungen durch eine Optimierung der Heizungstechnik zu erreichen. Darüber hinaus bliebe noch viel im Bereich der Gebäudedämmungen zu tun.

Derzeitiger Stand im Energiemanagement

Aufgrund der Einsparerfolge und trotz stagnierender Verbrauchsreduzierung verstehen Rat und Verwaltung der Stadt Neukirchen-Vluyn das Energiemanagement als Daueraufgabe. Die optimierten Regelungen und das Verhalten der Nutzer bedürfen einer ständigen Überwachung. Nur eine kompetente Person, die sich mit den Anlagen auskennt, kann den Betrieb der Anlagen mit minimalem Verbrauch garantieren.

So wird sich auch in Zukunft das Hauptaugenmerk auf die fortlaufende Betreuung der technischen Anlagen, die Kontrolle der Raumtemperaturen und die Erfassung der Verbräuche richten, damit die Ressourcen geschont, die Umwelt entlastet und Mittel eingespart werden.

9.2 Kommunales Energiemanagement in Gladbeck

Die Stadt Gladbeck liegt in Nordrhein-Westfalen und zählte 1991 etwa 80.100 Einwohner. Die Anzahl der kommunalen Gebäude, die durch das Energiemanagement betreut werden, liegt bei 120.

Beginn des Energiemanagements

Im Jahr 1978 wurde im Hochbauamt eine neue Stelle für die Energiebeschaffung ins Leben gerufen und mit einer Person besetzt, die zuvor in einem Ingenieurbüro die Planung von Heizungseinrichtungen ausübte. Zu seiner Tätigkeit der Energiebeschaffung gehörte auch das Erstellen der Jahresabrechnung für diesen Bereich.

Dabei fiel dem Zuständigen ein gestiegener Heizenergieverbrauch im Vergleich zum Vorjahr auf.

Um die Ursache des Mehrverbrauches zu ergründen, beschaffte er sich Gradtagzahlen, untersuchte die Abrechnungen und Verbräuche der einzelnen Gebäude und filterte die Objekte heraus, die einen auffälligen Mehrverbrauch im Vergleich zum Vorjahr hatten. Aufgrund dieser Eigeninitiative war der Beginn des kommunalen Energiemanagements eingeleitet.

In der Folge wurde von ihm die Energieabrechnung umorganisiert und eine gezielte Verbrauchserfassung und Verbrauchsüberwachung geschaffen. Seine Stelle hat sich dabei immer weiter in Richtung Energiemanagement verändert.

Durchgeführte Maßnahmen zur Heizenergieeinsparung

Zur Verbrauchsreduzierung setzte er Maßnahmen um, die aus Geldmangel meist organisatorischer Natur waren. Dazu wurden die Gebäude mit Mehrverbrauch von ihm nach möglichen Energieeinsparmöglichkeiten untersucht. Zum Beispiel konnte die Belegung der Schulen durch Elternabende und Volkshochschulkurse so verändert werden, daß nur noch ein Teile der Gebäude beheizt werden mußten. In einigen Fällen war sogar eine Einzelraumregelung vorhanden, die aber von den Hausmeistern nicht genutzt wurde. Die Regelungen der Anlagen wurden optimal eingestellt und den zuständigen Hausmeistern in Vor-Ort-Terminen erläutert.

Es wurden Dienstanweisungen im Bereich Regelung der Raumtemperaturen, Bedienen von Heizungsanlagen nach AMEV /AMEV 1983/, sowie für die Verbrauchserfassung und -überwachung erlassen. Für sämtliche Gebäude wurden Sanierungspläne für die Gebäudehülle, Fenster, Heizungsanlagen, Beleuchtung und Wasser erstellt.

Die heruntergefahrenen Raumtemperaturen stießen auf Gegenwehr der Nutzer, selbst bei 24°C Raumtemperatur war es einigen zu kalt. Die Hausmeister wurden mit geeichten Thermometern ausgerüstet, um bei Beschwerden die momentane Temperatur nachweisen zu können. Einige Lehrer drohten mit Krankmeldungen, wenn die Temperaturen nicht wieder erhöht werden. Der Energiebeauftragte erhielt aber Rückendeckung vom Amtsleiter, so daß die Beschwerden mit der Zeit abgenommen haben.

So konnten in 7 Schulen durch organisatorische und geringe investive Maßnahmen von 5.000 DM innerhalb eines Jahres die Heizenergiekosten um 90.000 DM reduziert werden.

In fast alle Heizungsanlagen der 40 größten Energieverbraucher wurden Regelungs- und Optimierungsanlagen eingebaut. Häufig wurde dabei DDC-Technik eingesetzt. Die neueste Generation dieser Geräte bietet Zugriffsmöglichkeiten auf mehreren Ebenen, so daß die Hausmeister z.b. die Temperaturen nur noch in geringem Maße beeinflussen können. Außerdem wurden einige Heizkreise zur besseren Regelbarkeit neu aufgeteilt.

Viele Heizungsanlagen wurden von Koks oder Öl auf Fernwärme (Anteil heute über 50%) oder Erdgas (Anteil heute 40%) umgestellt. Der Restverbrauch entfällt auf Heizöl und Strom. Bei den gasbetriebenen Anlagen wurde bisher ein Brennwertkessel eingebaut. Wenn in Zukunft Ersatzinvestitionen notwendig sind, sollen alle Heizungsanlagen mit 2 Kesseln auf Brennwerttechnik umgestellt werden.

An der Gebäudehülle wurden vor allem die Dächer gedämmt. In der Kommune gab es große Dachflächen mit nicht isolierten Decken, auf die sich 10 cm Dämmaterial aufbringen ließen. Bei einigen Gebäuden wurde bei Sanierungen ein Wärmedämmputz aufgetragen. Eine Außenwanddämmung mit einer Thermohaut wurde aus Geldmangel nur in wenigen Fällen durchgeführt.

Bei Fenstersanierungen wurden einfachverglaste gegen Isolierglasfenster ausgetauscht. In einigen Fällen wurden Fenster mit Falzabdichtungen versehen. Immer noch gibt es einen großen Bestand einfachverglaster Fenster, die in Zukunft bei fälligen Erneuerungen durch Wärmeschutzverglasung ersetzt werden sollen.

Sonstige Maßnahmen

Der Bereich Stromverbrauch stellt keinen Schwerpunkt im Energiemanagement der Stadt Gladbeck dar. Die erstellten Energieberichte weisen lediglich die Stromkosten aus, aber nicht den Energieverbrauch, wie er für den Heizenergiebereich dargestellt werden kann.

Mißstände und Beobachtungen bei Begehungen, die vom Energiebeauftragten gemacht werden, gibt er an die Bearbeiter für den Elektrobereich weiter. Diese

Kommunales Energiemanagement in Gladbeck

Einwohnerzahl (1991): 80100	Verwaltungshaushalt (1994): 300 Mio DM
Gebäudezahl: 120	Vermögenshaushalt (1994): 57 Mio DM

Energieverbrauch 1993:

absolut <MWh>		pro Einw. <kWh/E>	
Wärme:	39800	Wärme:	497
Strom:	6800	Strom:	85
Gesamt:	46600	Gesamt:	582

Energiekosten 1993:

absolut <Mio DM>		pro Einw. <DM/E>	
Wärme:	2,9	Wärme:	37
Strom:	2,1	Strom:	25
Gesamt:	5,0	Gesamt:	62

Energieverbrauchserfassung seit: 1978
Anzahl der Personen im EM: 0,65
Energieberichte: jährlich von 1978 bis 1993
Energiemanagement - Software: keine spezielle Energiemanagement - Software

Einsparung 1993 im Vergleich zu 1978:
Heizenergie: 13000 MWh (24 %) Heizenergiekosten: 822 TDM (23 %)

Bisher durchgeführte Maßnahmen:
Durchführung von Hausmeisterschulungen
Erlaß von Dienstanweisungen z.B. über Raumtemperaturen und Bedienen von Heizungsanlagen
Erneuerung und Verbesserung aller Heizungsregelungen, Einbau von DDC-Regelungen
Einbau von Wärmerückgewinnungsanlagen bzw. Erneuerung von Lüftungseinrichtungen
Umstellung der Heizanlagen von Koks oder Öl auf Gas oder Fernwärme
Erneuerung von Heizzentralen, Wärmetauschern bzw Nachtspeicherheizungen
Einbau von separaten Heizkreisläufen in den Hausmeisterwohnungen
Einbau von Isolierglasfenstern sowie nachträgliche Dachdämmungen

9 Beispielhafte kleine und mittlere Kommunen 137

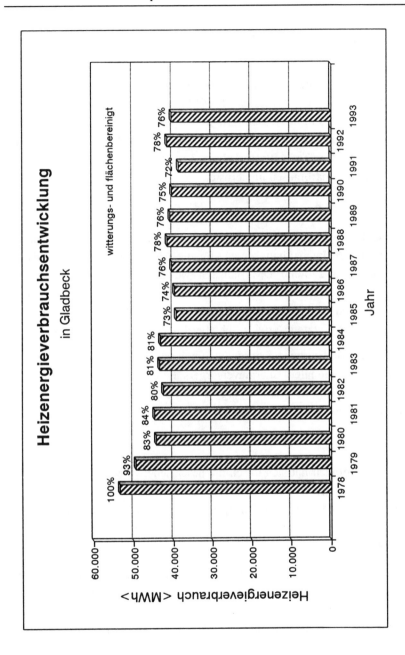

Abb. 9-2: Kommunales Energiemanagement in Gladbeck

sind auch angewiesen, ihre Augen für Mißstände und Maßnahmen offen zu halten.

Auch der Bereich des Wasserverbrauchs fällt in den Aufgabenbereich des Energiemanagements. Auch hier werden jedoch wie beim Strom nur Kosten und nicht der Verbrauch selbst kontrolliert. Auffälligkeiten werden weitergegeben an den für den Sanitärbereich Zuständigen bzw. von diesem selbst durch Begehungen festgestellt, wie z.b. tropfende Wasserhähne. Zum Wassersparen wurden bisher z.b. die Duschen mit Sparbrausen umgerüstet.

Beispiel Hallenbad

In einem Hallenbad wurde auf Vorschlag des Zuständigen für das Energiemanagement eine Wärmerückgewinnungsanlage für die Abluft eingebaut. Die Investitionskosten lagen bei 280.000 DM, jährlich wurden durch diese Maßnahme 50.000 DM eingespart. Außerdem wurde eine Lichtsteuerungsanlage eingebaut und auf dem Dach zur Wassererwärmung 400 m^2 Sonnenkollektoren in Schlauchform verlegt. Letzteres erwies sich allerdings als unwirtschaftlich.

Für die Investition von Energieeinsparmaßnahmen wurden im Rahmen eines Förderprogramms des regionalen Energieversorgers Fördermittel in Anspruch genommen. Das Investitionsvolumen lag 1992 bei 1.051.000 DM, wobei 367.000 DM Zuschüsse gewährt wurden.

Einsparerfolge

Der Heizenergieverbrauch hat sich durch die beschriebenen Maßnahmen seit Beginn des Energiemanagements im Jahr 1978 von 53 MWh auf 40 MWh im Jahr 1993 reduziert. Das bedeutet einen Rückgang um 24%. Abb. 9-2 zeigt die Entwicklung des Heizenergieverbrauchs flächen- und witterungsbereinigt. /Gladbeck 1993/.

Auffällig ist die Stagnation des Verbrauchsrückganges nach 7 Jahren. Nach Auskunft des Energiebeauftragten liegt das an den verringerten Investitionen aufgrund der angespannten finanziellen Situation der Kommune. Das Bestreben liegt jetzt viel mehr darin, mit den vorhandenen Mitteln die erreichte Energieeinsparquote aufrecht zu erhalten.

9 Beispielhafte kleine und mittlere Kommunen

Zudem ist der Energiebeauftragte zeitlich voll ausgelastet, u.a. durch seine direkte Zuständigkeit für Heizungsreparaturen oder andere, zeitlich begrenzte Aufgaben, wie z.B. die Änderungen der gesamten Stromverträge.

Die Heizenergiekosteneinsparung liegt im Vergleich zum Bezugsjahr 1978 bei 822.000 DM im Jahr 1993. Die Aufaddierung sämtlicher Kosteneinsparungen seit Beginn des Energiemanagement ergibt 10,5 Millionen DM.

Derzeitiger Stand im Energiemanagement

In den Sommermonaten wird der jährlich herausgegebene Energiebericht erstellt. Als Hilfsmittel für das Energiemanagement kommt eine marktübliche Tabellenkalkulation zum Einsatz. Eine spezielle Energiemanagementsoftware ist beantragt. Dabei handelt es sich um das Programm PROKOM-Energiereport. Ein Transfer der bisher erstellten Daten in dieses Programm wäre leicht möglich.

Das Anfang 1995 von einem Ingenieurbüro erstellte Energiekonzept für die Stadt Gladbeck kommt zu dem Schluß, daß sich eine weitere Stelle für das Energiemanagement wirtschaftlich nicht lohnt, da bisher schon viel erreicht wurde und die zu erwartenden Einsparungen durch zusätzliches Personal zu gering sind.

Nach Stellenneubesetzungen und internen Umstrukturierungen im Hochbauamt ergibt sich nun folgender Personalbestand: Eine Stelle für die Energieeinsparung/Heizungsreparatur, dazu auf der Planungs- und Ausführungsseite je eine Stelle für: Planung/Neubau, Regelung/allgemeine Elektroarbeiten, Elektroplanung und Energiebeschaffung. Eine Organisationsuntersuchung hat ergeben, daß diese Struktur für die Kommune Gladbeck angemessen ist und für die zu erledigenden Aufgaben nicht weniger Personal eingesetzt werden dürfte.

9.3 Fazit

Außer den unterschiedlichen Gründen, die zur Einführung des Energiemanagements führten, lassen sich einige Parallelen in der weiteren Entwicklung der Kommunen aufzeigen.

Die Motivation zur Einführung eines kommunalen Energiemanagements war in den beiden Kommunen unterschiedlicher Natur. Einmal war es das individuelle Engagement einer Person, das andere mal die spezielle Versorgungssituation der Kommune.

Typisch für erfolgreiche Kommunen im Energiemanagement ist die Durchführung von zunächst organisatorischen und anschließend investiven Maßnahmen im Bereich der Heizungstechnik. Die organisatorischen Maßnahmen machten sich schon nach einem Jahr deutlich in den Einsparquoten mit 7% bzw. 14% bemerkbar.

Schwerpunkt in beiden Kommunen ist die Einsparung von Heizenergie. Investive Maßnahmen wurden hauptsächlich an den Regelungen und zur Optimierung der Heizungsanlagen durchgeführt. In den Bereichen Gebäudehülle, Strom und Wasser waren die Aktivitäten geringer. Nach 6 bis 7 Jahren wurde eine Einsparung von 25 bis 35% der Heizenergie erreicht.

Weitere Parallelen zeigen sich auch in der Stagnation der Einsparung nach etwa 7 Jahren. Die Gründe dafür sind mangelnde finanzielle Mittel und zusätzliche Mehrbelastung der Energiebeauftragten durch „energiemanagement-fremde" Aufgaben. Mit der Art der bisher durchgeführten Maßnahmen sind die Einsparquoten nicht mehr zu steigern. Die erreichbaren Einsparquoten von jeweils 15 bis 20% durch organisatorische sowie investive Maßnahmen bei der Heizungstechnik sind weitestgehend ausgeschöpft. In Neukirchen-Vluyn läßt sich mit einem höheren Personaleinsatz der Energieverbrauch kaum weiter reduzieren. In zukünftigen Schritten könnten bei beiden Städten einerseits verstärkt Maßnahmen zur Stromeinsparung, andererseits die optimierte Dämmung der Gebäude im Mittelpunkt stehen.

Mit den dargestellten Erfolgen motivieren die beiden Städte auf diesem Wege hoffentlich weitere Kommunen zu einem aktiven Energiemanagement.

10 Kommunales Energiemanagement in Stuttgart
Klimaschutz und Kosteneinsparung

Dr. Volker Kienzlen, Stuttgart

Die Landeshauptstadt Stuttgart ist eine der Großstädte mit der längsten Tradition in der Energiebewirtschaftung. Nach der ersten Energiekrise wurde im Hochbauamt 1976 eine Organisationseinheit Energiewirtschaft geschaffen. Dieses Sachgebiet entwickelte sich zunächst im Hochbauamt zu einer eigenständigen Abteilung und wurde schließlich 1988 in das neugegründete Amt für Umweltschutz eingegliedert. Damit ist die Abteilung nicht mehr dem technischen Referat, sondern dem Referat Umwelt, Sicherheit und Ordnung zugeordnet.

10.1 Zuständigkeitsbereich

Die Abteilung Energiewirtschaft ist verantwortlich für die sparsame Energieverwendung bei städtischen Liegenschaften. In Stuttgart sind dies ca. 1.400 Gebäude wie Schulen, Bäder, Krankenhäuser, Verwaltungsgebäude mit ca. 2,0 Mio. m² beheizter Fläche. Dazu kommen ca. 540 sonstige Abnahmestellen wie Klärwerke, Straßenbeleuchtung, Regenrückhaltebecken, Anstrahlungen, Brunnen oder Gärtnereien. Die Gesamtenergierechnung belief sich 1995 auf 71,3 Mio. DM. Davon betrug der Anteil der Heizenergiekosten 23,3 Mio. DM, der Anteil Stromkosten 41,2 Mio. DM und der Rest von 6,8 Mio. DM war für Wasser zu bezahlen.

Die Liegenschaften sind zum größten Teil städtischen Ämtern zugeordnet, in zunehmendem Maße jedoch auch städtischen Eigenbetrieben. Klärwerke, Altenheime, Krankenhäuser und die Mineralbäder sind heute bereits als Eigenbetriebe organisiert.

10.2 Organisationsstruktur

Die Abteilung Energiewirtschaft des Amts für Umweltschutz besteht aus drei Sachgebieten:

Die Wärmewirtschaft ist die Keimzelle der Abteilung und auch heute noch der Bereich, in dem die größten Kosteneinsparungen erzielt werden. Das Sachgebiet Wärmewirtschaft ist verantwortlich für die Einsparung von Heizenergie bei städtischen Liegenschaften. Dies ist der Schwerpunkt der Aufgabe. Die Klärung von Grundsatzfragen der Energieversorgung zählt jedoch ebenso zu den Aufgaben wie das Erarbeiten von Energiekonzepten für städtische Liegenschaften. In jüngster Zeit wurde außerdem die Mitarbeit bei Energiekonzepten von Neubaugebieten verstärkt. In diesem Sachgebiet sind zwei Ingenieure sowie ein Heizungsmeister und ein Heizungstechniker tätig.

Das Sachgebiet Elektrizitätsanwendungen bearbeitet alle Fragen im Zusammenhang mit der Einsparung elektrischer Energie. Außerdem ist diesem Sachgebiet das Tarifwesen sowie die Beschaffung nicht leitungsgebundener Energien zugeordnet. Die Pflege der Gebäudestammdaten (Flächen, Abnahmestellen, Zuordnung zu Ämtern etc.) ist eine weitere wichtige Aufgabe, die als interne Dienstleistung für die Qualität der Verbrauchsauswertung entscheidend ist.

Auch im Sachgebiet Elektrizitätsanwendungen sind zwei Ingenieure und zwei Elektromeister tätig. Ein weiterer Verwaltungsangestellter ist für die Datenpflege und die Energiebeschaffung zuständig.

Im dritten Sachgebiet ist ein Versorgungsingenieur zuständig für Energiedatenanalysen und die genehmigungsbedürftigen Feuerungsanlagen bei der Stadtverwaltung. Zudem arbeitet der Kollege im Energiedienst mit und übernimmt Sonderaufgaben, beispielsweise die Betreuung einer Anlage zur Nutzung von Deponiegas.

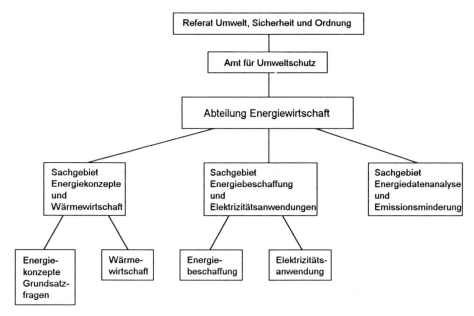

Abb. 10-1: Organisationsstruktur der Abteilung Energiewirtschaft

10.3 Energiedienst

Der Energiedienst, also die regelmäßige Verbrauchskontrolle verbunden mit Beratung und Betreuung der technischen Dienste und Hausmeister, stellt den Kern der Tätigkeit der Abteilung Energiewirtschaft dar. Mittlerweile wurde der Energiedienst von der reinen Betreuung von Heizungsanlagen auch auf Strom und Wasser ausgedehnt. Derzeit werden ca. 160 Liegenschaften im Energiedienst Heizung, ca. 50 Liegenschaften im Energiedienst Strom und ca. 10 Liegenschaften im Energiedienst Wasser betreut. Die Auswahl dieser Liegenschaften erfolgt nach Höhe des Gesamtverbrauchs und des spezifischen Verbrauchs (Kennwert).

Gemeinsam mit dem Hausmeister oder technischen Dienst wird zunächst versucht, die organisatorischen und betrieblichen Möglichkeiten zur Energieeinsparung auszuschöpfen. Da der Hausmeister sein Gebäude am Besten kennt, ist die konstruktive Zusammenarbeit mit ihm Voraussetzung für sparsamen Energieeinsatz. Die zentrale Frage lautet dabei:

Wird die gewünschte Energiedienstleistung nur in der zwingend erforderlichen Zeit und nur in der erforderlichen Qualität bereitgestellt?
Dies gilt gleichermaßen für Pumpen, Ventilatoren oder Beleuchtungsanlagen. Läßt sich obige Frage bei allen Energieanwendungen in einem Gebäude mit ja beantworten, ist das betriebliche Energieeinsparpotential ausgeschöpft. Anlagen müssen während der Zeit betrieben werden, in denen eine Nutzung stattfindet. Außerhalb der Nutzungszeit können Antriebe abgeschaltet oder Temperaturen abgesenkt werden. Erforderliche Leuchtdichten, Luftwechselraten, Luftfeuchtigkeiten oder Raumtemperaturen sollen erreicht, aber nicht über- oder unterschritten werden. Beide Teilaspekte, Nutzungszeit und Qualität der Dienstleistung, beinhalten in der Regel erhebliches Einsparpotential. Zwar liegt der Schwerpunkt des Energiedienstes auf betrieblichen und organisatorischen Maßnahmen zur Energieeinsparung, investive Maßnahmen sind jedoch oft erforderlich. Kleinere Maßnahmen wie der Einsatz von Zeitschaltuhren werden in der Regel im Rahmen der Bauunterhaltung erledigt. Bei größeren Investitionen stellt sich häufig das Problem der Finanzierung. Dies wird im Kapitel 13 ausführlicher besprochen.

Um die Wirksamkeit der durchgeführten Maßnahmen zu überprüfen, ist es wichtig, die Verbrauchsentwicklung zu überwachen. Auf der Basis von Verbrauchszählerständen werden Kennwerte errechnet, die die Bewertung einer Verbrauchsentwicklung ermöglichen. Diese Verbrauchsüberwachung muß aus mehreren Gründen langfristig erfolgen: Erfahrungsgemäß führt bereits die regelmäßige Abfrage und der Kontakt zum Hausmeister zu einem Rückgang des Energieverbrauchs. Fehlentwicklungen oder auch Defekte können durch Verbrauchsüberwachung frühzeitig erkannt und behoben werden.

10.4 Verbrauchsauswertung in Stuttgart

In Stuttgart werden zwei verschiedene Systeme der Verbrauchsauswertung parallel betrieben:

Von allen 2.000 städtischen Liegenschaften wird eine Jahresauswertung erstellt. Grundlage hierfür sind die Abrechnungen des Energieversorgungsunternehmens, die der Stadt im Datenträgeraustausch zur Verfügung gestellt wird. Hiermit können die Schwerpunkte des Energiedienstes überprüft werden. Der Verbrauch kleinerer Liegenschaften kann mit Hilfe der Jahresauswertung überwacht werden. Krasse Fehlentwicklungen können erkannt und abgestellt werden. Mit dieser Jahresauswertung, die seit 1982 vorliegt, besteht eine hervorragende Datengrundlage. Da bei größeren Liegenschaften eine monatliche Abrechnung erfolgt, können auch sehr detaillierte Auswertungen erstellt werden.

Für die laufende Verbrauchsüberwachung im Rahmen des Energiedienstes wird ein PC-Programm genutzt: Der Softwareteil des Stuttgarter-Energie-Kontroll-Systems errechnet anhand von manuell eingegebenen oder über Modem abgerufenen Zählerständen Verbrauchskennwerte. Da bei der manuellen Eingabe der Zählerstände die Kennwerte nahezu verzögerungsfrei am Bildschirm erscheinen, können die Ergebnisse direkt bei der Abfrage der Zählerstände am Telefon besprochen werden. Dieses Werkzeug wird vor allem vom Energiedienst genutzt. Tab. 10-1 gibt jeweils den niedrigsten, den höchsten und den durchschnittlichen Kennwert für verschiedene Gebäudearten in Stuttgart wieder. Daraus wird die zum Teil extreme Spanne innerhalb der einzelnen Gebäudearten deutlich. Diese Extremwerte sind jedoch oft durch Sondernutzungen bedingt, so daß der Durchschnittswert einen guten Vergleichswert darstellt.

10.5 Fernübertragung von Verbrauchszählerständen

In der Regel erfaßt und übermittelt der Hausmeister die Zählerstände. Beim Stuttgarter-Energie-Kontroll-System (SEKS) erfolgt die Erfassung und Übermittlung der Zählerstände automatisch. Eine intelligente Unterstation im jeweiligen Gebäude integriert die Impulse der Verbrauchszähler und bildet so die Zählerstände nach. Dabei wird vorrangig auf EVU-Zähler mit Impulsausgang zugegriffen. Die Wartung der Zähler erfolgt somit automatisch durch das EVU.

In der Unterstation wird der Zählerstand um 0.00 Uhr abgespeichert. Der Zentralrechner bei der Abteilung Energiewirtschaft ruft in den frühen Morgenstunden über Modem die Liegenschaften an und fragt die abgelegten Zählerstände ab. Daraus werden Kennwerte berechnet. Bei Arbeitsbeginn liegen dann beim Sachbearbeiter die Kennwerte seiner Liegenschaften vor und er kann ggf. direkt eingreifen.

Tab. 10-1: Niedrigster, höchster und durchschnittlicher Heizenergie- und Stromkennwert typischer Gebäudearten in Stuttgart [kWh/(m^{2}a)] (Bezug auf Gradtagzahl von 3.555 Kd).

Gebäudeart	Heizkennwert			Stromkennwert		
	Min.	Max.	Mittelw.	Min.	Max.	Mittelw.
Alten-/Pflegehm.	134	460	215	37	67	46
Feuerwehrgeb.	71	386	219	7	141	61
Hallenbad *	3225	7595	4720	686	1972	1205
Kindergarten	80	425	201	5	51	17
Kindertagheim	103	445	201	7	63	24
Krankenhaus	229	363	282	47	146	87
Schulgebäude	72	282	121	4	53	18
Schulgb. m. TH	67	220	126	6	42	15
Verwaltungsgb.	80	352	140	4	296	49

*Bezug der Kennwerte „Hallenbad" auf die Beckenfläche

Bei Liegenschaften mit ausgedehnten Wassernetzen (z. B. Friedhöfe) werden im Abstand von einer Stunde Zählerstände erfaßt und die Differenz errechnet. Überschreitet diese Differenz einen Grenzwert, liegt ein Wasserrohrbruch vor. Das Personal vor Ort kann bei Arbeitsbeginn direkt verständigt werden.

Das Stuttgarter-Energie-Kontroll-System befindet sich im Aufbau. Derzeit sind 13 Liegenschaften angeschlossen. 1996 sollen ca. 10 weitere Objekte dazukommen.

Das Stuttgarter-Energie-Kontroll-System stellt eine sehr einfache und preisgünstige Alternative zu Zentralen-Leittechnik-Systemen dar. Der Anschluß einer Liegenschaft verursacht Kosten von ca. 6.000 DM. Die geringe Zahl der Datenpunkte ermöglicht nur das Erkennen einer Fehlfunktion, nicht jedoch deren Analyse. Um diese ebenfalls von der Zentrale aus durchführen zu können, ist ein erheblicher Aufwand erforderlich, der das System deutlich verteuert. Hier wird ein sehr einfaches System eingesetzt, das auch bewußt keine Möglichkeit zum Eingriff in die Anlage von der Zentrale aus bietet. Die Verantwortung für den Betrieb der Liegenschaft soll beim technischen Personal vor Ort verbleiben und nicht auf die Energiewirtschaft übergehen.

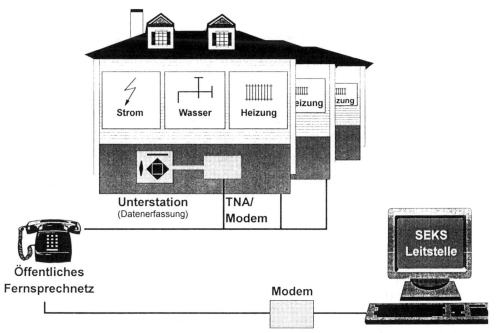

Abb. 10-2: Das Stuttgarter-Energie-Kontroll-System (SEKS)

10.6 Bisherige Energieeinsparergebnisse

Im Laufe der 18jährigen Bemühungen um die sparsame Verwendung von Energie wurden erhebliche Einsparungen erzielt. Diese Ergebnisse werden jährlich in Form von Energieberichten dokumentiert.

Der Heizenergieverbrauch der städtischen Gebäude liegt heute etwa ein Drittel unter dem Ausgangswert von 1977. Beim Bezugswert wurde unterstellt, daß der Kennwert der Gebäude auf dem Wert von 1977 festgeschrieben wird. Zusätzlich wird die Veränderung im Gebäudebestand berücksichtigt, d. h., neue Gebäude werden mit dem gradtagbereinigten Verbrauch des ersten Jahres addiert, verkaufte oder abgebrochene Gebäude werden subtrahiert. Die Einsparung liegt somit bei ca. 200.000 MWh pro Jahr.

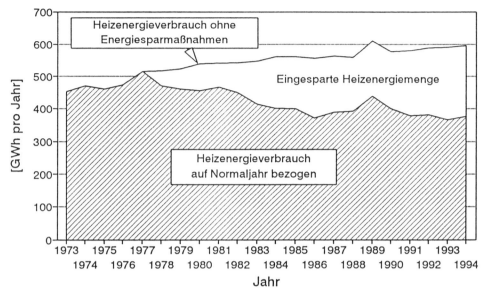

Abb. 10-3: Heizenergieverbrauch und -einsparung

Beim Stromverbrauch sind die Ergebnisse bei weitem nicht so positiv (siehe Abb. 10-4). In den 14 Jahren seit Beginn des Energiedienstes Strom hat beispielsweise der Stromverbrauch der Klärwerke erheblich zugenommen. Steigende Anforderungen an die Ablaufwerte der Klärwerke haben einen steigenden Energieverbrauch zur Folge. Die Ausstattung der Verwaltung mit EDV und Kopierern hat in diesem Zeitraum ebenfalls stark zugenommen.

Speziell in Stuttgart spielt die zunehmende Zahl der Straßentunnels eine Rolle. Die Beleuchtung ist hier das ganze Jahr ununterbrochen im Betrieb.

Die Einsparung von Strom ist auch deswegen sehr viel aufwendiger als bei Heizenergie, da die Abhängigkeit vom Nutzer sehr viel höher ist:

Beleuchtungsanlagen oder EDV-Geräte werden in der Regel nicht automatisch geschaltet. Während bei Heizungsanlagen durch optimalen Betrieb des Wärmeerzeugers oder auch Optimierung der Heizungsregelung bereits sehr viel erreicht werden kann, ist dieser zentrale Zugriff beim Stromverbrauch nicht möglich.

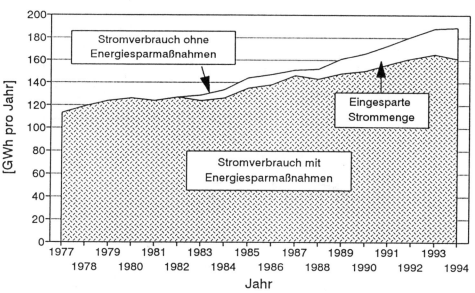

Abb. 10-4: Stromverbrauch und -einsparung

Die Bedeutung des rationellen Stromeinsatzes nimmt jedoch laufend zu: Der Anteil der Stromkosten an den gesamten Energiekosten liegt inzwischen bei über 60 % und steigt weiter.

10.7 Kosteneinsparung

Bei der Dokumentation der Ergebnisse ist die Kosteneinsparung von hoher Bedeutung (siehe Abb. 10-5). Bei der weiterhin angespannten Haushaltslage in Stuttgart ist es wichtig, daß die erzielten Einsparungen ein Mehrfaches der Aufwendungen betragen. Auch für die Legitimation der Abteilung ist es entscheidend, nachweisen zu können, daß im Durchschnitt jeder Mitarbeiter das fünffache seiner Personalkosten an Einsparungen erarbeitet.

Ein bisher noch nicht diskutierter Bereich ist dabei die Tarifkosteneinsparung. Die Wahl des für die jeweilige Abnahmesituation kostengünstigsten Energieliefervertrages eröffnet erhebliches Kosteneinsparpotential. Die Rückgabe nicht benötigter Fernwärmeanschlußleistung und die Begrenzung von Gas- und Strommaximum fallen ebenfalls in diesen Bereich.

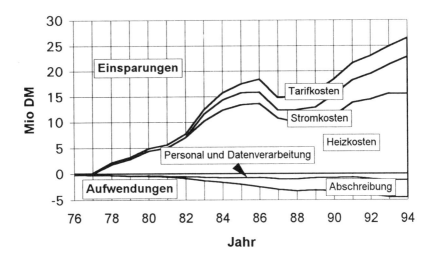

Abb. 10-5: Aufwendungen für Personal und Datenverarbeitung sowie Energiekosteneinsparung pro Jahr

Den erzielten Einsparungen stehen Aufwendungen für Personal, Datenverarbeitung, Ingenieurleistungen von 1,2 Mio. DM und Abschreibungen in Höhe von 3,4 Mio. DM gegenüber.

Das ergibt für das Jahr 1994 eine Netto-Kosteneinsparung von 22 Mio. DM.

10.8 Rückgang der Emissionen

Durch den Rückgang des Heizenergieverbrauchs, vor allem aber durch die Umstellung von Heizungsanlagen auf emissionsärmere Brennstoffe oder Fernwärme konnten die Emissionen aus städtischen Feuerungsanlagen drastisch gesenkt werden. Während 1973 noch ein erheblicher Teil der städtischen Gebäude mit Heizöl oder Koks beheizt wurden, lag der Anteil der nicht leitungsgebundenen Energien 1994 nur noch bei 6,7%. Während 1973 noch nahezu 250 t Schwefeldioxid emittiert wurden, waren es 1994 gerade noch 8,8 t. Der heute dominierende Schadstoff ist das Stickoxid. Durch moderne Gasbrenner liegen heute die NO_X-Emissionen deutlich unter denen eines 20 Jahre alten Brenners. Dies wird jedoch in Abb. 10-6 nicht berücksichtigt, da die Mengen auf der Basis der Emissionsfaktoren des Umweltbundesamtes berechnet wurden. In dieser Grafik sind die Emissionen, die der Fernwärmeerzeugung zugerechnet werden, nicht berücksichtigt. Diese sind in der Kraftwerkstatistik des EVU's enthalten.

Im Zeitraum von 1973 bis 1994 konnte der CO_2-Ausstoß der Feuerungsanlagen halbiert werden: Von über 90.000 t im Jahr 1973 gingen die CO_2-Emissionen auf etwa 42.000 t im Jahr 1994 zurück. Damit hat die Stadt Stuttgart schon frühzeitig einen deutlichen Beitrag zum Klimaschutz geleistet.

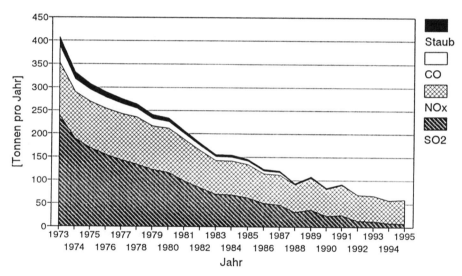

Abb. 10-6: Bewertete Emissionen aus Kohle-, Heizöl-, und Gasfeuerungsanlagen

11 Kommunale Verwaltungsreform: Auswirkung auf das Energiemanagement in der Stadt Wuppertal

Kommunales Energiemanagement als Teilaufgabe des lokalen Klimaschutzes

Christian Gleim, Wuppertal

11.1 Verwaltungsreform in Wuppertal

Wie viele andere Deutsche Städte sah sich Wuppertal seit Anfang der 90'er Jahre vor die Aufgabe gestellt, der Entwicklung stetig sinkender Einnahmen und wachsender Ausgaben entgegenzuwirken. Die Antwort in Wuppertal sollte nicht im Abbau von Angeboten und Leistungen liegen. Vielmehr ist es das Ziel, zumindest einen wesentlichen Teil des Finanzdefizits mittel- bis langfristig durch effizienteres Verwaltungshandeln mit deutlich geringerem Aufwand bei gleichem Leistungsangebot und höherer Qualität auszugleichen.

Daher hat sich die Stadt Wuppertal seit Beginn des Jahres 1994 einem umfassenden Reform- und Reorganisationsprozeß unterzogen. Seit 01.01.1996 arbeitet sie in völlig neuen Strukturen. Wichtig ist jedoch, daß die neuen Strukturen nun nicht wieder eingefroren werden sollen. Vielmehr unterliegen sie einem kontinuierlichen Verbesserungsprozeß. Die laufenden Erfahrungen sollen ständig genutzt werden, effizientere Organisationsformen zu erreichen.

11.1.1 Einige Grundideen der Verwaltungsreform

Den drei operativen Reform- und Sanierungszielen
- Aufwand reduzieren,
- Substanz gewinnen und
- schneller werden

lagen für den Reformprozeß folgende fünf Orientierungen zugrunde:
- Ausrichten der Leistungen an den Kundenerwartungen (Kundenorientierung),
- Ausrichten der Organisation nach Prozessen (Prozeßorientierung),
- Etablieren des Team-based-Managements (Teamorientierung),
- Steuern der Geschäfte nach Fakten (Faktenorientierung),
- sich an Wettbewerb und Leistungsfähigkeit orientieren (Leistungsorientierung).

Auf die in Folge des Reformprozesses eingeführten Veränderungen kann im Rahmen dieses Beitrages nicht umfassend eingegangen werden. Zum Verständnis seien jedoch einige in Kommunalverwaltungen unübliche Organisationsbezeichnungen kurz angesprochen.

Ursprünglich 7 Dezernate wurden zu 4 **Geschäftsbereichen** zusammengefaßt. In Wuppertal gibt es keine Ämter mehr. Die klassische Kernverwaltung gliedert sich in **Ressorts**, die in der Regel die Aufgaben mehrerer Ämter i.S. der Prozeßorientierung zusammenfassen. Neu ist auch der Begriff „**Stadtbetrieb**". Er wird für Organisationseinheiten verwendet, die ein überschaubares, homogenes Geschäft mit betriebsähnlichem Charakter zu betreiben haben. Sie sind i.d.R. kleiner als Ressorts. Stadtbetriebe sind in erster Linie im Geschäftsbereich „Soziales und Kultur" eingerichtet worden. Das Organigramm (Abb. 11-1) weist insgesamt 12 Ressorts und 18 Stadtbetriebe aus. Dem standen ursprünglich 31 Ämter und 5 Institute gegenüber.

11 Kommunale Verwaltungsreform

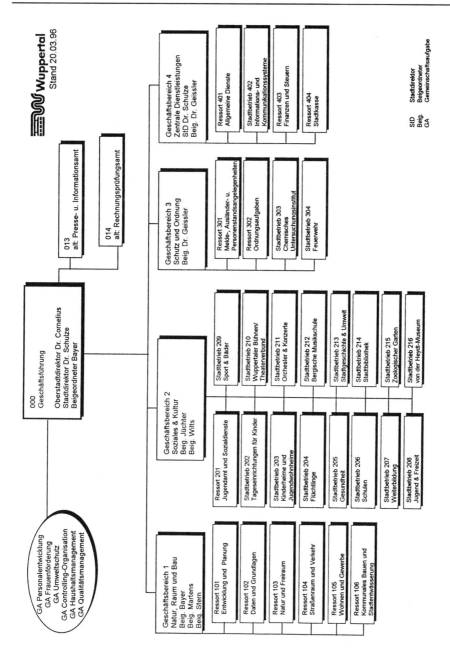

Abb. 11-1: Organigramm der Stadtverwaltung Wuppertal (nach der Umstrukturierung)

Ein wichtiges neues Organisationsprinzip ist näher zu erläutern. Ein zentraler Erkenntnisprozeß im Rahmen der Reform bestand darin, daß Aufgaben, die als Unternehmensziele von allen Leistungseinheiten umgesetzt werden müssen, nicht über fachliche Zuständigkeit in der Linienorganisation gelöst werden können. Es wurde daher das Instrument der **Gemeinschaftsaufgaben** geschaffen, die in Verbindung mit einem Managementsystem die jeweils gleichwertige Aufgabenwahrnehmung in allen Geschäftsbereichen und Geschäften sicherstellen.

Als Gemeinschaftsaufgaben wurden auf Beschluß des Rates der Stadt Wuppertal eingerichtet:
- Personalentwicklung,
- Frauenförderung,
- Umweltschutz,
- Controlling,
- Haushaltsmanagement/Haushaltssicherung sowie
- Qualitätsmanagement.

Organisatorisch bedeutete dies, daß hierfür keine Leistungseinheiten in der tradierten Aufbauorganisation mehr vorhanden sind. Die Erfahrungen lassen den Schluß zu, daß mit der bisherigen Form der abgeteilten Zuständigkeiten die Ignoranz anderer Organisationseinheiten gegenüber diesen Aufgaben, die eigentlich alle Ressorts und Stadtbetriebe angehen und von allen verfolgt werden müssen, eher zunimmt. „Dafür haben wir doch das Umweltamt oder die Gleichstellungsstelle", ist eine mehr oder weniger deutlich ausgesprochene Entschuldigung.

Am Beispiel der Gemeinschaftsaufgabe Umweltschutz sei das Prinzip nachfolgend noch näher erläutert.

11.2 Umweltschutz als Gemeinschaftsaufgabe

Seit dem 01.01.1995 wird Umweltschutz in der Stadtverwaltung Wuppertal als Gemeinschaftsaufgabe wahrgenommen. D.h. Umweltschutz ist Unternehmensziel und wichtige Führungsaufgabe. Die Stadt verpflichtet sich als Unternehmen zur Wahrnehmung des Umweltschutzes in allen Geschäften und allen Geschäftsbereichen. Der zentral organisierte Umweltschutz, d.h. das Umweltdezernat und das Amt für Umweltschutz wurden aufgelöst. Im Gegenzug wurde ein **Managementsystem Umweltschutz** eingerichtet. Zentrales Element ist das **Managementteam Umweltschutz**, das sich aus Vertretern aller Geschäftsbereiche zusammensetzt. Es kümmert sich um die notwendigen Voraussetzungen und Rahmenbedingungen für die Wahrnehmung des Umweltschutzes in der und durch die Stadtverwaltung. Hierzu gehören:

- Standards und Regeln für das umwelterhebliche Handeln der Stadtverwaltung erarbeiten
- Strategische Umweltqualitätsziele und Meßgrößen hierzu entwickeln
- Ein Berichtswesen aufbauen und regelmäßig über den Zustand der Wuppertaler Umwelt sowie das umweltrelevante Handeln der Stadtverwaltung berichten
- Die notwendige Qualifikation der Mitarbeiterinnen und Mitarbeiter im Umweltschutz sicherstellen, Wissen über und Verständnis der Gemeinschaftsaufgabe Umweltschutz weiterentwickeln

Dieser Organisationsform liegt die Überlegung zugrunde, daß Umweltschutz nur dann wirksam betrieben werden kann, wenn er zur Aufgabe eines jeden gemacht wird und nicht auf die Fachaufgabe einzelner beschränkt bleibt, die viele andere aus ihrer Verantwortung entläßt. Ein konkretes Beispiel hierfür ist der Klimaschutz! Klimaschutz als kommunale Aufgabe bedeutet vor allem, die lokalen CO_2-Emissionen zu minimieren. Ein Hauptaspekt ist hier wiederum die sparsame und rationelle Energieverwendung. Vor dem Hintergrund der zuvor dargelegten Überlegungen sollen im weiteren Lösungsansätze skizziert werden.

11.2.1 CO_2-Minderung – Ein Gemeinschaftsprojekt

Der Rat der Stadt Wuppertal schloß sich 1991 mit seinem Beitritt zum internationalen Klimabündnis europäischer Städte dem Ziel an, die lokalen CO_2-Emissionen bis zum Jahr 2010 zu halbieren. Seit August 1994 liegt ein durch das ifeu-Institut Heidelberg sowie ebök/Tübingen erarbeitetes CO_2-Minderungskonzept vor[1], das ein realisierbares CO_2-Minderungspotential von bis zu 38% bis zum Jahre 2010 ausgehend von 1991 aufweist und die zur Ausschöpfung notwendigen Maßnahmen mit den jeweils verantwortlichen Akteuren benennt. Der Rat hat die Verwaltung beauftragt, zur Umsetzung der notwendigen Maßnahmen ein Managementprogramm vorzulegen.

Wesentlich für das Management zur Umsetzung eines CO_2-Minderungskonzeptes ist, daß sich die Maßnahmen auf alle Reichweiten städtischen Handelns beziehen:
- Reichweite 1: Unternehmen Stadtverwaltung,
- Reichweite 2: Tochterunternehmen der Stadt,
- Reichweite 3: private Akteure.

Nachfolgend soll der Schwerpunkt auf Reichweite 1, die Aktivitäten der Stadtverwaltung gelegt werden.

11.2.2 Klimaschutz in der Stadtverwaltung – eine Vorbildfunktion

Die Aufgabe des Klimaschutzes kann durch eine Stadtverwaltung nur dann glaubhaft ihren Bürgern, Betrieben und Institutionen vermittelt werden, wenn die gesetzten Erwartungen im eigenen Bereich praktisch umgesetzt werden.

CO_2-Minderung und Energiesparen – das sind also sicher keine Fachaufgaben, die zum Geschäft nur eines Ressorts oder Stadtbetriebs der Stadt Wuppertal gemacht werden können. Klimaschutz ist daher ein wichtiges Element der Gemeinschaftsaufgabe Umweltschutz.

---

[1] ifeu-Institut für Energie- und Umweltforschung Heidelberg, ebök (Ingenieurbüro für Energieberatung, Haustechnik und ökologische Konzepte): CO_2-Minderungskonzept für Wuppertal; Endbericht Energie, 1994; ifeu-Institut für Energie- und Umweltforschung Heidelberg: CO_2-Minderungskonzept für Wuppertal; Endbericht Verkehr, 1994

11 Kommunale Verwaltungsreform

Die Aktionsbereiche

- **Städtische Gebäude**: (Energiemanagement und -bewirtschaftung, energetische Sanierung, Heizungserneuerung, Einsatz der Kraft-Wärme-Kopplung, Qualifizierung von Fachpersonal und Nutzern),
- **privates Wohnen und Gewerbe**: (Bauleitplanung, Satzungen, städtische Liegenschaften),
- **Verkehr,**
- **Öffentlichkeitsarbeit.**

betreffen in der Summe **alle** Geschäftsbereiche.

Schon das Aktionsfeld „städtische Gebäude" ist in Wuppertal Aufgabe aller Geschäftsbereiche. Im Rahmen der Dezentralisierung der Ressourcenverantwortung wurde die Zuständigkeit für die Gebäude den jeweiligen nutzenden Dienststellen übertragen. Sie nehmen gewissermaßen Bauherrenfunktion ein. In diesem Zusammenhang wurde die Bauunterhaltung ebenfalls dezentralisiert, um eine möglichst unmittelbare Anbindung an die betrieblichen Bedürfnisse der „Eigentümerdienststellen" sicherzustellen. Weiterhin zentral wahrgenommene Funktionen wie Planung und Bau und Sanierung von Gebäuden und Betrieb der Heizungsanlagen werden als Dienstleistung des Ressorts „Kommunales Bauen und Stadtentwässerung" im Auftrag der Eigentümerdienststellen durchgeführt. D.h. Finanz- und Entscheidungsbefugnis liegt bei den Eigentümerdienststellen. Die Verantwortung soll an den Ort der Handlung und an das jeweilige Geschäft gekoppelt werden. Hiermit wird natürlich verstärkt für zentrale Dienstleistungsfunktionen die Frage zu stellen sein, ob diese Leistungen von der Verwaltungseinheit erbracht werden muß oder extern eingekauft werden kann („Make or Buy").

11.2.3 Klimaschutz als Managementaufgabe

Für die Umsetzung des CO_2-Minderungszieles im Bereich Stadtverwaltung bedarf es eines Managements zur Koordination der einzelnen Aktivitäten. Die Aufgaben dabei sind:
- Festlegung von Zielen und Meßgrößen,
- Klärung und Festlegung von Verantwortlichkeiten,
- Erstellen eines Managementprogramms,
- operatives Controlling und Berichtswesen zu dessen Umsetzung.

Mit dieser Managementaufgabe wurde im Oktober 1995 durch die Geschäftsführung der Stadt Wuppertal nach entsprechender vorbereitender Diskussion im Managementteam „Gemeinschaftsaufgabe Umweltschutz" ein „Steuerungsteam CO_2-Minderung Stadtverwaltung Wuppertal" beauftragt. Die Mitglieder dieses Teams repräsentieren drei Geschäftsbereiche mit folgenden Aufgabenschwerpunkten:
- Geschäftsbereich Natur Raum Bau:
  - Umweltmanagement: Projektleitung
  - Ressort Kommunales Bauen und Stadtentwässerung: Zentrales Energiemanagement
- Geschäftsbereich Soziales und Kultur:
  - Stadtbetrieb Schulen: Bauunterhaltung
  - Stadtbetrieb Sport und Bäder: Bauunterhaltung
- Geschäftsbereich Zentrale Dienstleistungen
  - Ressort Allgemeine Dienste: „Management der Verwaltungsgebäude"
  - Ressort Steuern und Finanzen: Haushaltsmanagement.

Erstes vorzulegendes Ergebnis ist die Projektierung für das langfristige Projekt „CO_2-Minderungsprogramm 2010".

Aus den Überlegungen, die aus diesem Team heraus entstanden sind, soll im weiteren mit Blick auf das Handlungsfeld „städtische Gebäude" berichtet werden.

11.3 Energiemanagement städtischer Gebäude – ein Schwerpunkt

Wegen des besonderen Energie-Einsparpotentials, das bekanntermaßen im Gebäudebestand liegt, und wegen der Vorbildfunktion, die der Stadt bei der nicht ganz einfachen Erschließung dieses Einsparpotentials zukommt, wurde der Schwerpunkt der Arbeiten des Teams auf dieses Arbeitsfeld gelegt.

Die Stadt Wuppertal betreibt für ihre Verwaltungs- und Dienstleistungsaufgaben ca. 1.100 Gebäude, die wiederum zu etwa 400 Gebäudekomplexen zusammengefaßt werden können[2].

Der bisherige Schwerpunkt der Energiesparbemühungen lag traditionellerweise in der Optimierung der Anlagen- und Regeltechnik sowie in der Stromeinsparung mit dem Schwerpunkt Beleuchtung. Bezogen auf den Gebäudebestand von 1979 konnten so Einsparungen von ca. 30% (Wärme + Strom) erreicht werden, die allerdings absolut durch den zwischenzeitlich erfolgten Zubau im Wärmebereich weitgehend und im Strombereich überkompensiert wurden. Ein wesentliches Element war der Aufbau der Zentralen Leittechnik, an die mittlerweile 80 Gebäudekomplexe angeschlossen sind. Mittlere Energieeinsparungen von 20% waren zu beobachten.

Eine verstärkte, neue Aufgabe wird die Umsetzung nachträglichen Wärmeschutzes in Verbindung mit der baulichen Sanierung der Gebäude sein. Im Mittel 45% Energieersparnis kann nach den vorliegenden Abschätzungen[3] langfristig unter wirtschaftlich vertretbaren Bedingungen so erreicht werden. Hinzu kommen Einsparpotentiale von insgesamt bis zu 20% durch die Erneuerung und Optimierung der Heizungstechnik und von ca. 30% im Strombereich.

Wie kann diese Aufgabe nun als Gemeinschaftsprojekt der Stadtverwaltung Wuppertal sinnvoll gemanagt werden?

---

[2] Eine Schule als Gebäudekomplex umfaßt mehrere Einzelgebäude.
[3] Ifeu, a.a.O.

11.3.1 Entwicklung von Zielen und Meßgrößen

Das Erreichen der o.g. globalen Ziele muß meßbar gemacht werden. Hierbei muß darauf geachtet werden, daß für die verschiedenen Dienststellen die Ziele und ihre Meßbarkeit gleichermaßen definiert werden. Im Rahmen des Managements der Gemeinschaftsaufgabe Umweltschutz wurden daher Meßgrößen für die wichtigsten Umweltschutzziele erarbeitet, so auch für den rationellen Energieeinsatz durch die Stadtverwaltung. In interdisziplinärer Zusammenarbeit von Fachleuten aus mehreren Geschäftsbereichen im Rahmen eines „Fachkreises Energie" wurden die witterungsbereinigte Energiekennzahl Wärme EKZ (Endenergie)[4] und die Energiekennzahl Strom jeweils in kWh/(m^2*a) als Meßgrößen für die Entwicklung des gebäudebezogenen Energieverbrauchs herangezogen. Die Wirtschaftlichkeit von Energieeinsparinvestitionen soll anhand des äquivalenten Energiepreises P_{Ein}[5], d.h. anhand der Kosten pro eingesparte kWh in Pfg/kWh beurteilt werden.

Für diese Meßgrößen wurden als gültige Standards **Grenzwerte** (zukünftiger Mindeststandard) und **Zielwerte** (anzustrebender Wert) für die verschiedenen nutzungsabhängigen Gebäudetypen der Stadtverwaltung entwickelt. Die hierfür ermittelten Werte sind Ergebnis eines ausführlichen stadtinternen Diskussionsprozesses und orientieren sich an den derzeitigen technischen und wirtschaftlichen Erkenntnissen. Sie stellen demnach keine völlig starren Standards dar, sondern sind dem Erkenntnisfortschritt anzupassen. Wichtig war es auch, nur Gleiches mit Gleichem zu vergleichen. Daher wurden die Gebäude nach **Nutzungstypen** unterschieden, um den Einfluß der Nutzung auf den Energiebedarf als auch die spezifischen Gebäudeformen und -größen berücksichtigen zu können. Tab. 11-2 gibt beispielhaft für die Energiekennzahl Wärme die vereinbarten Werte wieder.

Hier handelt es sich um die jeweiligen Verbrauchskennwerte.

---

[4] Berechnung der Energiekennwerte siehe Kap. 3.2

[5] In TEIL I des Buches als Einsparkosten bezeichnet. Formel zur Berechnung siehe Anhang: Wirtschaftlichkeitsberechnung

Tab. 11-2: Standards für die Energiekennzahl Wärme für Sanierung und Neubau städtischer Gebäude [kWh/(m² · a)]

Gebäude-/Nutzungstyp	Ist-Wert (1994)	Sanierung Grenzwert	Sanierung Zielwert	Neubau Grenzwert	Neubau Zielwert
Verwaltungsgebäude	280	120	100	80	60
Grund und Hauptschulen, Bibliotheken	200	120	100	90	70
Gymnasien, Mittel-, Berufs-, u. Fachschulen	220	130	110	95	75
Turn- u. Sporthallen	230	140	115	100	80
Kindertagesstätten	255	120	100	90	70
Alten- u. Kinderheime	300	165	145	125	105
Pflege- und Säuglingsheime	330	180	160	130	110
Hallenbäder	500	360	300	260	240
Museen	-	110	90	70	55

Standards für die Wirtschaftlichkeit

Investive Maßnahmen zur Energieeinsparung am Gebäude bzw. der Heizanlage werden nur dann durchgeführt, wenn aus Altersgründen bzw. aufgrund gesetzlicher Vorschriften ein Erneuerungsbedarf besteht.

Der Energieeinsparung werden nur die Kosten für die Maßnahmen zugerechnet, die über den o.g. Erneuerungsbedarf bzw. den gesetzlich vorgeschriebenen Standard hinausgehen.

Hierbei werden Maßnahmen zur Verminderung des Wärmebedarfs als wirtschaftlich angesehen, deren vermiedene mittlere Energiebezugskosten[5], gerechnet über die kommenden 25 Jahre, unter 7,5 Pfg/kWh liegen.

Bei Minderungsmaßnahmen des Strombedarfes beträgt der anzusetzende äquivalente Strompreis 30 Pfg/kWh, gerechnet über die kommenden 15 Jahre.

11.3.2 Festlegung von Verantwortlichkeiten, Entwicklung eines Managementprogramms

Wer muß welche Aufgaben erledigen, damit die o.g. Zielwerte erreicht werden? Dies gilt es vor dem Hintergrund gemeinschaftlicher Verantwortung für die Minimierung des Energieverbrauchs städtischer Gebäude zu klären, in einem Managementprogramm niederzulegen und in der Umsetzung zu überprüfen. Hierzu war es Aufgabe des Steuerungsteams, die notwendigen Maßnahmen zu identifizieren, um zunächst die optimalen Rahmenbedingungen für die Erreichung der Energiesparziele zu schaffen.

Der Schwerpunkt wurde auf den Ausbau des Energiemanagements gelegt. Die bisherigen **Felder des Energiemanagements**
- zentraler Einkauf von Energie,
- Vertragsgestaltung für Energielieferverträge,
- Betreuung der Heizanlagen,
- Energieverbrauchsüberwachung,
- Ermittlung von Energiekennzahlen,
- Einsatz und Ausbau der zentralen Leittechnik

müssen ergänzt werden um:
- Dezentralisierung und Budgetierung der Energiekosten und -einsparungen,
- Bereitstellung von Dienstleistung für energetische Gebäudediagnosen und Wirtschaftlichkeitsbetrachtungen energetischer Sanierungen durch ein Team aus Architekten, Elektro- und Heizungsfachleuten,
- Management der Finanzierung von Energiesparinvestitionen,
- Qualifizierung von Fachleuten und Nutzern.

Hinzu kommen die Identifizierung konkreter Maßnahmen und Programme, die der unmittelbaren Energieersparnis dienen, und ihre Implementierung.

Im weiteren sollen die angesprochenen Handlungsfelder näher erläutert werden, soweit dies im augenblicklichen Stadium der Beratungen in Wuppertal möglich ist.

Dezentrale Ressourcenverantwortung – Zentrale Dienstleistungsfunktionen

Ein wichtiges Element der Verwaltungsreform ist die Einführung der dezentralen Ressourcenverantwortung. Bezogen auf die Gebäudeverantwortlichkeit ist zuvor Entsprechendes schon erläutert worden.

Mit der Gebäudeverantwortlichkeit geht auch die Verantwortlichkeit für die Energieverbräuche des Gebäudes einher. Somit ist es nur folgerichtig, wenn auch die Energiekosten budgetiert und den Leistungseinheiten zugerechnet werden. Das Engagement für das Energiesparen wird nur dann wesentlich gesteigert werden können, wenn die Ressorts und Stadtbetriebe mit Energiekosten belastet und somit auch direkt Nutznießer der von ihnen zu tätigen Einsparinvestitionen werden. Daß es sich hier nicht um nachrangige Kosten handelt, mag daran bemessen werden, daß die gesamten Energiekosten der Stadt Wuppertal ca. 30 Mio. DM pro Jahr betragen. Dies ist etwa der gleiche Etat, wie er für die gesamte Bauunterhaltung zur Verfügung steht.

Bei der bisherigen zentralen Begleichung der Energiekosten bestand bei den einzelnen Leistungseinheiten kein nachhaltiges Interesse, weder mit betrieblichen noch mit investiven Mitteln, Energiekosten zu vermeiden. Das soll anders werden.

Es befindet sich z.Z. ein Modell für die Energiekostenbudgetierung in der Diskussion, das den gebäudeverwaltenden Leistungseinheiten ein witterungsbereinigtes[6] **Energiekostenbudget** zuweist, das sich an dem letztjährigen Verbrauch orientiert. Da aus pragmatischen Gründen der Energieeinkauf weiterhin zentral erfolgen soll, sind die Energiekosten intern in Rechnung zu stellen. Damit die Verhaltens- und nutzungsbedingten Energieverbrauchsveränderungen von den witterungsbedingten unterschieden werden können, soll die interne Verrechnung witterungsbereinigt erfolgen. Das Witterungsrisiko wird weiterhin zentral getragen. Anzupassen ist das Budget jährlich aufgrund der Energiepreisentwicklung und etwaiger Veränderung zu nutzender Gebäudeflächen. Auftretende energiebedingte Mehrkosten müssen aus den sonstigen Budgets der Leistungseinheiten finanziert

---

[5] Erläuterung s. Kap. 3.1

werden. Verringerte Energiekosten aufgrund von Einsparbemühungen sollen den Leistungseinheiten jedoch für 3-5 Jahre zu Gute kommen. Nur alle 3-5 Jahre soll das Energiebudget bei Einsparungen auf den mittleren Energieverbrauch über diesen Zeitraum gesenkt werden. Dieser Gedanke ist getragen von der Überzeugung, daß durch die Motivation aufgrund dezentraler Verantwortlichkeit insgesamt mehr und schneller Energiekosten eingespart werden als bei herkömmlichen Organisationsstrukturen.

Die Energiekostenbugdetierung wird einhergehen mit einem monatlichen gebäudebezogenen **Energieverbrauchscontrolling**. Gebäudebezogen werden die Energieverbräuche witterungsbereinigt monatlich erfaßt und im Vergleich zum Vormonat und dem gleichen Monat des Vorjahres den Eigentümerdienststellen zur Verfügung gestellt. Dieses PC-gesteuerte System befindet sich 1996 in der Einführung und soll voraussichtlich 1997 zusammen mit der Einführung der Budgetierung den Dienststellen ein laufendes Controlling ihrer Energiekostenentwicklung ermöglichen.

Die dezentrale Verantwortung kann nur dann hinreichend wahrgenommen werden, wenn weiterhin fachliche Beratung und zentrale Servicefunktionen erhalten bleiben, die in Wuppertal vom Ressort „Kommunales Bauen und Stadtentwässerung: Zentrales Energiemanagement" wahrgenommen werden. Die zentrale Energieverbrauchserfassung war ein bereits angesprochener Punkt. Weiterhin sollen zentral folgende Dienstleistungsfunktionen erhalten bleiben:
- Planung, Betrieb und Wartung der Heizungsanlagen einschließlich Regelungstechnik,
- Energieeinkauf, Vetragsgestaltung,
- Energieverbrauchserfassung und Auswertung,
- Beratung.

Da diese Dienstleistungen jedoch im Auftrage der internen Kunden (Ressorts und Stadtbetriebe) erfolgen und zumindest in naher Zukunft auch nach Aufwand verrechnet werden, stellt sich hier die Frage von „Make or Buy", d.h. der jeweilige Stadtbetrieb muß vergleichen, ob die gleiche Dienstleistung durch externe Anbieter kostengünstiger durchgeführt werden kann.

Energetische Gebäudediagnose

Die Ermittlung und Bewertung von Einsparpotentialen im Bereich Wärme- und Elektroanwendungen im Gebäudebestand verlangt sowohl interdisziplinäres, fachliches Know-how als auch spezifische technische Ausstattung. Die Leistung wird bei den Eigentümerdienststellen benötigt, kann dort jedoch nicht durchweg vorgehalten werden. Aus dem vorhandenen Pool der Architekten, Elektro- und Heizungsfachleute wurde daher ein Team „Energetische Gebäudediagnose und -sanierung" gebildet, das im Auftrag der Eigentümerdienststellen bei zur Sanierung anstehenden Gebäuden wirtschaftliche Einsparpotentiale ermittelt und ggf. die Sanierung projektiert.

Die systematische Erfassung und Umsetzung von Energiesparmöglichkeiten im Zusammenhang mit sonstigen baulichen Maßnahmen soll so zur Standardaufgabe werden.

Finanzierung von Energiesparinvestitionen

Vor dem Hintergrund der äußerst angespannten Finanzsituation auch der Stadt Wuppertal besteht die Aufgabe, Finanzierungsoptionen für Energieeinsparinvestitionen zu ermitteln. Hierbei gilt es, die zu vermeidenden Energiekosten für die Finanzierung der Investition zu nutzen.

Es bestehen zwei Strategien:

Wirtschaftliche Investitionen mit Amortisationen von im Mittel nicht mehr als 5 Jahren sollen genutzt werden, einen **städtischen Energiesparfonds** zu speisen, aus dem der energiesparbedingte Mehraufwand für die Investitionen finanziert wird. Bei Umsetzung dieses Modells trägt sich ein solcher Fonds nach 6 Jahren selbst, d.h. es sind keine neuen Haushaltsmittel mehr einzustellen bei gleichbleibender Investitionssumme. Die Organisation dieses Fonds soll sich an dem Modell der Stadt Stuttgart orientieren[7]. Geld, das durch Energieeinsparungen erwirtschaftet wurde, soll so wiederum für Energiesparinvestitionen nutzbar gemacht werden. Schwerpunktmäßig wird es sich hier um Maßnahmen zur Stromeinsparung handeln.

---

[7] vgl. Kap. 13

Für Maßnahmen mit nur sehr langfristiger Amortisation (10 - 25 Jahre), wie etwa Maßnahmen zum Wärmeschutz an der Gebäudehülle, muß über **externes Contracting** nachgedacht werden. Z.Z. besteht noch erhebliche Rechtsunsicherheit bei der Lösung einer Reihe von Fragen in Zusammenhang mit dem Einsparcontracting. Am konkreten Beispiel werden Lösungen zu suchen sein.

Für die im umfangreichen Maß notwendige Erneuerung von Heizungsanlagen – es besteht insgesamt ein Investitionsbedarf von etwa 60 Mio. DM – laufen z.Z. in Zusammenarbeit mit den Wuppertaler Stadtwerken eingehende Untersuchungen, inwieweit Anlagencontracting zur raschen Umsetzung dieses Investitionsvolumens für die Stadt Wuppertal wirtschaftlich sinnvoll genutzt werden kann.

Qualifizierung

Die Dezentralisierung von Aufgaben und Verantwortlichkeiten im Zuge der Einrichtung der Gemeinschaftsaufgabe Umweltschutz macht eine Qualifizierungsoffensive für die Mitarbeiterinnen und Mitarbeiter der Stadtverwaltung notwendig. Bezogen auf die Aufgabe „rationelle Energieverwendung" sind zwei Zielgruppen anzusprechen:

- Verantwortliche und Fachleute für das Thema „Energie" und
- Gebäudenutzer als diejenigen, die durch ihr unmittelbares Verhalten einen wesentlichen Einfluß auf den Energieverbrauch eines Gebäudes haben.

Für die erstgenannte Gruppe wurden im Herbst 1995 in Zusammenarbeit mit der Energieagentur NRW folgende drei Kurse aus dem „REN Impuls-Programm" der Landesregierung als Inhouse-Seminare durchgeführt:

- Wärmemanagement für öffentliche Gebäude
- Niedrig-Energie-Standard in der Baupraxis
- Wärmetechnische Sanierung: Grobdiagnose bestehender Gebäude.

Für 1996 ist geplant, den Kurs „ökologische Baustoffe und Baukonstruktionen" durchzuführen.

Zur Qualifizierung von Gebäudenutzern sollen 1996/97 in Zusammenarbeit mit dem Stadtbetrieb „Tageseinrichtungen für Kinder" drei Kurse für die Leiterinnen der Einrichtungen über die energetisch richtige Nutzung der Gebäude durchgeführt werden.

Erste Überlegungen bestehen für ein Qualifizierungs- und Aktionsprogramm „Schulen" mit Lehrern, Schülern und Hausmeistern.

Identifizierung von konkreten Einsparprojekten

Neben der Schaffung der notwendigen Voraussetzungen, daß Energiesparen zur lebendigen und gelebten Aufgabe in der Stadtverwaltung Wuppertal werden kann, sind im Rahmen des Energiemanagements natürlich auch konkrete Einsparprojekte zu identifizieren und umzusetzen.

Hier liegt der Schwerpunkt im Bereich folgender Aufgaben, die anhand konkreter Objekte in das Managementprogramm eingebunden und umgesetzt werden:
- Energetische Gebäudediagnose und -sanierung,
- Kraft-Wärme-Kopplung, Einsatz von Motorheizkraftwerken,
- Heizanlagenerneuerung und -optimierung.

11.3.3 Controlling und Berichtswesen

Der Erfolg der o.g. Maßnahmen wird anhand eines jährlichen Berichtswesens zu überprüfen sein. Es wird vorgeschlagen, daß jeder Geschäftsbereich den Erfolg seiner Einsparbemühungen anhand folgender Meßgrößen darlegt:
- Entwicklung der Energiekennzahlen Wärme und Strom für die Gebäudetypen
- Entwicklung der absoluten Verbräuche (witterungsbereinigt) differenziert nach Energieträgern
- absolute Entwicklung der CO_2-Emissionen (witterungsbereinigt)
- Energie-/CO_2-Einsparung
  - absolut gegenüber 1979, 1987, 1994
  - bezogen auf den Gebäudebestand der o.g. Bezugsjahre
- Investitionen für Energiesparmaßnahmen (Mehrkosten) DM/a
  - Wärmeschutz
  - Heiztechnik
  - Stromeinsparung
- Kosten pro eingesparte kWh in Pfg/kWh

Das Berichtswesen soll standardisiert nach Möglichkeit auf einem Blatt mit sechs Graphiken für die sechs Meßgrößen erfolgen, um eine gute Übersichtlichkeit und Vergleichbarkeit zu gewährleisten.

11.4 Fazit

Es wurde vor dem Hintergrund veränderter organisatorischer Rahmenbedingungen sowie dem bestehenden Handlungsdruck zur rationellen Energieverwendung und lokalen CO_2-Minderung die Überlegungen zu einem umfassenden Modell des kommunalen Energiemanagements aufgezeigt. Diese Ansätze und Strukturen in Wuppertal sind noch neu. Einiges befindet sich noch in der internen Diskussion, einiges muß noch erprobt und geprüft werden. Manches wird im Rahmen kontinuierlicher Verbesserung weiter optimiert werden müssen.

Festzuhalten bleibt: Die eigentlichen Aufgaben des Energiemanagements haben sich nicht verändert. Sie werden im Rahmen der Gemeinschaftsaufgabe Umweltschutz auf eine breite Basis gesetzt – sie werden zur Aufgabe aller. Es gilt, die schon beträchtlichen Erfolge der Vergangenheit auf diese Weise noch zu intensivieren. Über die entsprechenden Erfahrungen und Ergebnisse wird daher zu einem späteren Zeitpunkt zu berichten sein.

Teil III:

Finanzierung

12 Grundlegende Probleme und Lösungsansätze der Finanzierung im Energiemanagement

Doreen Kellermann-Peter, Neustadt

Häufig scheitert die Durchführung beabsichtigter Maßnahmen zur Energieeinsparung und Emissionsminderung in Kommunen an Fragen der Finanzierung, obwohl diese Maßnahmen kurz- oder mittelfristig wirtschaftlich wären. Als Ursache hierfür sind neben dem engen finanziellen Investitionsrahmen vor allem die existierenden kommunalen Verwaltungs- und Haushaltsstrukturen zu nennen. Langfristiges Ziel muß es daher sein, diese Hemmnisse gezielt abzubauen und die Rahmenbedingungen systematisch zu verbessern. Dann erst lassen sich ökonomisch tragfähige, selbstverstärkende Trends entwickeln, die nicht von Dauersubventionen abhängig sind.

Aber es gibt für viele Energiesparmaßnahmen auch Lösungsansätze zur Finanzierung, die die strukturellen Probleme berücksichtigen und deshalb sofort eingesetzt werden können, ohne daß man auf eine umfassende Verwaltungs- und Haushaltsreform warten muß. Solche Lösungsansätze stehen im Mittelpunkt dieses Beitrags.

Zunächst wird die Vollkostenrechnung als Grundlage einer betriebswirtschaftlichen Betrachtungsweise vorgestellt. Vor diesem Hintergrund werden die Hemmnisse einer kameralistischen Haushaltsstruktur für ein effektives Energiemanagement aufgezeigt, bevor schließlich zwei wichtige Lösungsansätze alternativer Finanzierungsformen in ihren Grundzügen dargelegt werden: Energieeinspar-Contracting sowie Nutzenergielieferung.

12.1 Grundlage: Vollkostenrechnung

Was kosten ein warmes Klassenzimmer oder ein gut beleuchtetes Büro oder eine belüftete Turnhalle? Um es vorweg zu nehmen: Betrachtet man lediglich die Rechnungen für Strom, Gas oder Heizöl, findet sich, bezogen auf die Kosten, meist weniger als die Hälfte der Wahrheit. Schließlich muß der Energieträger, z.B. in einem Heizkessel, in Wärme umgewandelt werden, diese zum Verbraucher transportiert und mit Hilfe einer Regelung sinnvoll bereitgestellt werden. Damit sind zusätzliche Kosten verbunden, die in der Summe sogar höher als die Brennstoffkosten liegen können.

Die für die Energiedienstleistung „warmer Raum" usw. notwendigen Aufwendungen werden in vier Kostengruppen eingeteilt:

- Verbrauchsgebundene Kosten
- Kapitalgebundene Kosten
- Betriebsgebundene Kosten und
- Sonstige Kosten.

Das Prinzip der Vollkostenrechnung läßt sich am Beispiel eines PKW verdeutlichen: Neben den Benzin- (= verbrauchsgebundenen) Kosten fallen weitere Kosten, z.B. Steuer, Versicherung, Zinsen, Tilgung, Reparaturen, Wartung, an. Erst die Gesamthöhe aller dieser Kosten gibt Auskunft über die tatsächlichen Aufwendungen für das Kraftfahrzeug. Wird das sicher einleuchtende Beispiel PKW auf Energiedienstleistungen übertragen, so wird sehr schnell klar, daß der „warme Raum" eben mehr kostet als nur Gas- oder Heizölbezug.

Die Kostengruppen

Verbrauchsgebundene Kosten entstehen direkt aus der Energieabnahme, also beispielsweise durch Strombezug. Die Höhe der Kosten wird aber nicht nur vom Energieverbrauch, sondern auch von den Energiebezugsbedingungen (z.B. Sondervertrag über Gas-/Strombezug) bzw. der jeweiligen Abnahmestruktur beeinflußt. Im Sinne von Kostenreduzierungen ist es daher durchaus interessant, die Abnahmestrukturen zu optimieren. Ein Beispiel hierfür ist der Betrieb eines Keramikbrennofens während der Nachtstunden statt tagsüber, wenn durch den gegebenen Tarif der Strombezug in der Nacht billiger ist. Derartige Maßnahmen können je nach Bezugsbedingungen die verbrauchsgebundenen Kosten senken, ohne daß gleichzeitig Energie gespart wird. Dies muß jedoch für jeden Einzelfall geprüft werden und ist somit eine wichtige Aufgabe eines qualifizierten Energiemanagements.

Kapitalgebundene Kosten entstehen aus dem Kapitaleinsatz für alle Einrichtungen, die nötig sind, um das gewünschte Endprodukt zu erhalten. Das sind Kosten für den Heizkessel, die Abgasanlage, Rohrleitungen, Heizkörper, Lüftungskanäle, Leuchten und Lampen, Stromleitungen usw. Die Kapitalkosten werden als Annuitäten angegeben (also als gleichbleibende Jahreskosten für Zins und Tilgung während der Lebensdauer der Einrichtung), u.a. um mit jährlichen Energiekosten vergleichbar zu sein. Art und Umfang des Kapitaleinsatzes wirken unmittelbar auf die verbrauchsgebundenen Kosten: Eine Energiesparlampe verursacht höhere kapitalgebundene, reduziert aber die verbrauchsgebundenen Kosten. Das gleiche gilt für den Einsatz eines Brennwert- gegenüber einem Niedertemperaturkessel.

Betriebsgebundene Kosten sind Aufwendungen, die bei ordnungsgemäßem Betrieb einer Anlage erforderlich werden (Reparaturen, Wartung, Hilfsstrom für Heizanlage usw.). Gezielter Kapitaleinsatz für wartungsarme Technik kann diesen Kostenanteil vermindern, komplexe Technik (und damit höherer Kapitaleinsatz) kann zum Anstieg betriebsgebundener Kosten führen.

Sonstige Kosten entstehen beispielsweise durch Verwaltungsleistungen im Beschaffungswesen, Steuern und Abgaben, Versicherungen, usw. Maßnahmen innerhalb dieser Kostengruppe können die verbrauchsgebundenen Kosten ebenfalls stark beeinflussen. Auch die Aufwendungen für das Energiemanagement fallen in diese Kostengruppe.

Über die dargestellte Vollkostenbetrachtung wird es überhaupt erst möglich, verschiedene Arten von Energiedienstleistungen bzw. von einzelnen Maßnahmen zur Energieeinsparung fachlich korrekt zu vergleichen. Dabei wird die unterschiedliche Lebensdauer verschiedener Techniken durch die annuitätische Betrachtung, d.h. gleichbleibende Kapital-Jahreskosten für Zins und Tilgung, normiert. Erst die Summe aus allen genannten Kostengruppen zeigt die Jahreskosten auf, die für die jeweilige Energiedienstleistung, z.B. einen „warmen Raum", entstehen. Abb. 12-1 zeigt schematisch die Wirksamkeit sinnvoller Energiespar-Investitionen. **Die Wirtschaftlichkeit einer Energiesparmaßnahme ist immer dann gegeben, wenn die dann entstehenden Jahreskosten gemäß Vollkostenbetrachtung (im Bild rechts) niedriger liegen als bei der konventionellen Lösung (im Bild links).** So könnte sich beispielsweise die Energiedienstleistung „warmer Raum" durch Einsatz eines Brennwertkessels gegenüber einem Niedertemperaturkessel darstellen. Die verbrauchsgebundenen Kosten verringern sich stärker, als die kapitalgebundenen Kosten zunehmen. Dadurch kommt es zu einer Kosteneinsparung über den Betrachtungszeitraum.

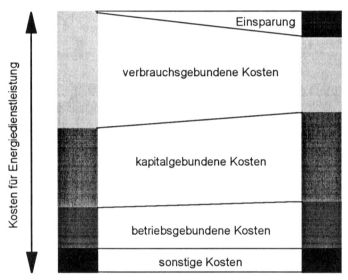

Abb. 12-1: Darstellung der Wirtschaftlichkeit einer Energiesparmaßnahme in der Vollkostenrechnung

Der Einbau eines Brennwertkessels würde den kommunalen Haushalt entlasten. Die Maßnahme könnte sich selber über die Einsparung finanzieren. Trotzdem bedeutet es längst nicht immer, daß solche wirtschaftlichen Maßnahmen auch durchgeführt werden. Vor allem im kommunalen Bereich liegen derzeit erhebliche wirtschaftliche Potentiale brach. Die Gründe hierfür sind vielfältig. Zwei zentrale Hemmnisse seien hier jedoch herausgestellt: Zum einen werden wirtschaftliche Energiesparpotentiale nicht erkannt, zum anderen behindert die kameralistische[1] Struktur kommunaler Haushalte die Finanzierung. Die folgenden Abschnitte betrachten diesen letzten Aspekt vertieft.

12.2 Warum Kommunen „teuer" Sparen – Haushaltsstrukturen

Eine bedenkliche Tatsache ist, daß in Kommunen selbst Maßnahmen mit nachgewiesener Wirtschaftlichkeit keineswegs automatisch umgesetzt werden. Warum das so ist, verdeutlicht ein Blick auf die übliche kameralistische Handhabung der Energiebewirtschaftung:

Der Energieeinkauf wird im **Verwaltungshaushalt** getätigt. Energie wird vom Energieversorgungsunternehmen (EVU) in jeder gewünschten Menge geliefert. Die Tätigkeit der Verwaltung erstreckt sich üblicherweise auf Rechnungskontrolle, Abwicklung des Zahlungsverkehrs und Erstellung des Sammelnachweises für das nächste Haushaltsjahr durch prozentuale Zu-/ bzw. Abschläge entsprechend der allgemeinen Preisentwicklung. Ein anderer Teil der Verwaltung plant, erstellt und unterhält die Anlagen. Dies jedoch meist unabhängig von Energieverbrauch und -kosten. Ein weiteres Amt sorgt für die Finanzierung, also die Beschaffung der erforderlichen Mittel.

Die Energiebezugskosten, bzw. richtiger, die verbrauchsgebundenen Kosten werden in Haushaltsdebatten kaum diskutiert. Diese Kosten entstehen eben, die Rechnungen der Energieversorgungsunternehmen müssen schließlich bezahlt werden. Dieses Bedarfsdeckungsprinzip ohne Bedarfskontrolle wurde in vielen Kommunen jahrelang praktiziert.

Im Gegensatz dazu werden die im Hinblick auf Energiedienstleistungen kostensenkenden investiven Maßnahmen im **Vermögenshaushalt** durchgeführt. Wird hier also eine wirtschaftliche Energiesparmaßnahme angemeldet, ist deren Wirt-

---

[1] Unter dem kameralistischen Haushaltssystem versteht man eine getrennte Betrachtung des Vermögens- und des Verwaltungshaushalts.

schaftlichkeit nicht unmittelbar erkennbar – vielmehr entstehen oft höhere Investitionen, die zudem als Betrag und nicht als Annuität im Haushalt erscheinen. Sichtbar bleibt also die „teure" Energiesparmaßnahme, die wirtschaftliche Begründung findet hier nicht statt oder wird unzureichend gewürdigt. Hinzu kommt, daß wegen des begrenzten Kreditrahmens und den notwendigen Haushaltskonsolidierungen im Vermögenshaushalt das Minimierungsprinzip durchschlägt – es muß „gedeckelt" werden.

Somit entsteht regelmäßig die Situation, daß wirtschaftliche Energiesparinvestitionen, also rentierliche Investitionen, zugunsten eines schlanken Vermögenshaushaltes und geringstmöglicher Neuverschuldung gestrichen werden. Gerade Energiesparinvestitionen trifft es in der Regel zuerst, weil auch ohne diese Investition das Gebäude warm oder das Büro ausgeleuchtet wird. Es fehlt der existentielle Zwang, wie z.B. bei Brandschutzmaßnahmen oder einem undichten Flachdach. Die Zusammenführung von Verwaltungs- und Vermögenshaushalt über eine Vollkostenbetrachtung wie vorher beschrieben, läßt die übliche kameralistische Sichtweise nicht zu. Hier wird also im wahrsten Sinne des Wortes „teuer" gespart.

Tatsache ist heute zudem, daß, selbst wenn eine Energiesparmaßnahme durchgeführt wird, die nächste Maßnahme schon wieder aus den gleichen Gründen gefährdet ist: Die erreichte Einsparung wird im Verwaltungshaushalt wirksam, nicht aber im Vermögenshaushalt, aus dem allein weitere Einsparinvestitionen finanziert werden können. Eine direkte Zuordnung der Einsparungen als Finanzierungsinstrument für weitere Maßnahmen fehlt somit. Das Prinzip wirtschaftlicher Maßnahmen, die letztlich aus sich selbst finanziert werden können, scheitert hier. Die betriebswirtschaftlich ermittelte Senkung der Jahreskosten für die Energiedienstleistung wirkt direkt auf den Verwaltungshaushalt, ebenso der für die Finanzierung der Maßnahme notwendige Anteil eingesparter verbrauchsgebundener Kosten. De facto ist der Finanzierungsbeitrag im Gesamthaushalt nicht mehr erkennbar – er ist „versickert".

Letztgenanntes ist, um auch diesen Aspekt kurz zu bewerten, ein Problem für die Motivation des Personals in Verwaltungen. Das Bauamt bzw. der/die Energiebeauftragte, die mühsam Energiesparmaßnahmen konzipieren und umsetzen, stehen trotz wirtschaftlicher Erfolge jedesmal am Anfang, weil der Erfolg ihrer Arbeit nicht in Form von zusätzlichen Investitionsmitteln und damit erweiterter Handlungsfähigkeit in ihrem Haushaltsbereich auftaucht.

12.3 Finanzierungsmodelle

Da sich das kameralistische Haushaltsprinzip nicht von heute auf morgen verändern läßt, wurden alternative Finanzierungsmöglichkeiten für Energiesparinvestitionen entwickelt, die die gegebenen Strukturen berücksichtigen. Die vielfältigen Angebote hierzu lassen sich im wesentlichen auf zwei Formen zurückführen: Energieeinspar-Contracting sowie Nutzenergielieferung. Beide Verfahren bieten in ihren Grundformen den Vorteil, daß fast ausschließlich im Verwaltungshaushalt operiert werden kann und der Vermögenshaushalt gar nicht oder nur viel weniger als bei einer Eigenleistung der Verwaltung belastet wird. Wie dies erreicht wird, schildern die folgenden Absätze.

Zur Zeit werden gerade Kommunen mit einer Vielzahl solcher Angebote konfrontiert. Dabei reicht die Anbieterpalette von Energieversorgungsunternehmen über Ingenieurbüros und Architekten bis hin zu Industrie und Handwerk. Daneben finden sich einige Energieagenturen in den Bundesländern sowie kommunale Speziallösungen (Stuttgarter Modell, Energiedienstleistungszentrum Rheingau-Taunus-Kreis etc.; s. folgende Kapitel) Wesentlicher Vorteil dieser Anbieter ist neben der gegebenenfalls günstigen Finanzierung ihr energietechnisches Spezialwissen.

Energieeinspar-Contracting

Grundgedanke dieser Finanzierungsform ist, daß Ersparnisse bei den Energiebezugskosten durch investive Maßnahmen möglich sind und dann diese „freien Mittel" dafür genutzt werden, die Finanzierung sicherzustellen (vgl. Abb. 12-1). Contracting wird vielfach mit dem bereits länger bekannten Leasing gleichgesetzt, was für die Finanzierungsseite auch grundsätzlich zutrifft. Contracting geht jedoch weiter: Kennzeichnend ist die komplette Planung, Umsetzung und Vorfinanzierung einer Energiesparmaßnahme durch den jeweiligen Contracting-Geber.

180   12 Grundlegende Probleme und Lösungsansätze der Finanzierung

Die Refinanzierung erfolgt über einen vereinbarten Zeitraum aus den sich einstellenden Ersparnissen bei den Energiebezugskosten. Für den Contracting-Nehmer, beispielsweise eine Kommune, bedeutet das, daß die Energiebezugskosten in gleicher Höhe für die Dauer des Vertrages fortgeschrieben und bei Vertragende die Anlagen übernommen werden. Die Contracting-Raten sind in der Regel erfolgsabhängig gestaltet, wobei das Risiko, also inwieweit tatsächlich Einsparungen eintreten, ganz oder teilweise auf den Contracting-Geber entfällt. Abb. 12-2 verdeutlicht die finanzielle Seite des Einspar-Contracting.

In der Praxis finden sich verschiedene Vertragsmodelle mit entsprechenden Sicherungsmöglichkeiten für die getätigten Investitionen. Unterschiede bei den auf dem Markt befindlichen Angeboten gibt es insbesondere hinsichtlich:

- Beteiligung an den Einsparerfolgen (zum Teil wird bereits während der Laufzeit des Vertrages die Kommune an Ersparnissen beteiligt)

- Laufzeit des Vertrages

- Betriebsführung (kann ganz oder teilweise bei der Kommune verbleiben)

- Gestaltung der Contracting-Raten (fixer und variabler Teil oder ausschließlich variable Raten).

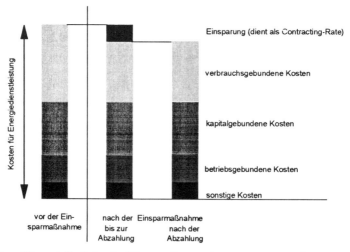

Abb. 12-2:   Finanzielle Seite des Einspar-Contractings

Aus der Sicht der Kommune ist bei der Beurteilung von Vertragsangeboten vor allem auf die Ausgestaltung der verschiedenen Risiken zu achten: Wer ist zuständig und haftet für die Funktionstüchtigkeit der Anlage, wer übernimmt die Kosten für Wartung und Instandhaltung, nach welchen Verfahren wird die Einsparung ermittelt (Berücksichtigung von Witterungseinflüssen und eventuellen Nutzungsänderungen) und was passiert, wenn die prognostizierten Einsparungen nicht oder nur teilweise eintreten. Wie wird bei steigenden/sinkenden Energiepreisen verfahren, wer haftet bei Schäden an der Anlage und gegenüber Dritten, wie ist die haushaltsrechtliche Behandlung des Vertrages, etc.

Vor diesem Hintergrund eignet sich Einspar-Contracting besonders für klar abgrenzbare technische Komponenten, die möglichst ausschließlich dem reinen Energiesparen dienen und möglichst keine Ersatzinvestitionen enthalten. Beispiele hierfür: Kraft-Wärme-Kopplung oder Stromspartechnologien.

Nachdrücklich gewarnt werden muß vor einem vorschnellen Abschluß derartiger Verträge. Es hat sich bislang stets als sinnvoll erwiesen, fachkundigen (neutralen!) Rat einzuholen. Dabei muß neben der juristischen und betriebswirtschaftlichen Prüfung auch die vorgeschlagene Einsparmaßnahme im Hinblick auf effiziente Alternativen geprüft werden. Derartige Beurteilungen leisten beispielsweise Landesenergieagenturen oder die kommunalen Energiebeauftragten. Ansprechpartner und Anschriften lassen sich über die jeweiligen Stadt- oder Kreisverwaltungen sowie Umweltministerien erfragen[2].

Eine interne Variante des Einspar-Contracting wird in Stuttgart praktiziert (**„Internes Contracting"**). Contracting-Geber ist in diesem Fall das Amt für Umweltschutz, das eine Einsparmaßnahme vorschlägt und nach Planung und Kostenschätzung durch das Hochbauamt deren Wirtschaftlichkeit ermittelt. Auf der Basis einer Verwaltungsvereinbarung beauftragt das Amt für Umweltschutz das zuständige Fachamt mit der Durchführung der Maßnahme und finanziert diese. Die eingesparten Energiekosten (durch Zählereinrichtungen ermittelt) fließen so lange an das Amt für Umweltschutz zurück, bis die eingesetzten Mittel (ohne Zinsen) zurückgezahlt sind. Energiepreissteigerungen fließen hierin ein. Diese rückfließenden Mittel bilden einen Fonds, aus dem erneut Sparmaßnahmen fi-

---

[2] vgl. auch Anhang: Institutionen

nanziert werden[3]. Dadurch reduzieren sich einige der zuvor erwähnten Risiken („es bleibt ja im Haus") ganz erheblich, und es werden vor allem auch kleinere Vorhaben rasch umgesetzt.

Lieferung von Nutzenergie

Üblicherweise gab es bisher einerseits die Anbieter von Energieanlagen (z.B. Heizungen), andererseits die Anbieter von Endenergie[4] (z.B. Gas, Erdöl etc.). Der Kunde war schließlich für die Umwandlung der Endenergie mittels der Energieanlagen in die eigentlich benötigte Nutzenergieform (z.B. Wärme) selber zuständig. Zunehmend entwickeln Heizungshandwerk, Anlagenhersteller, Brennstoffhändler sowie Energieversorgungsunternehmen Interesse daran, direkt diese Nutzenergie zu liefern anstelle nur der Endenergie oder nur der Energieanlagen.

Viele Kommunen haben besonders im Bereich Wärmeerzeugung einen erheblichen Ersatzinvestitionsbedarf – Kesselanlagen älter als 20 Jahre sind im kommunalen Bereich häufig anzutreffen. Diese Anlagen bergen nicht nur die Gefahr kurzfristigen Ausfalls, sie sind zudem (energetisch betrachtet) äußerst unwirtschaftlich. Für derartige Anwendungen bietet sich Nutzenergielieferung als mögliches Verfahren an. Die komplette Investition und in der Regel der Betrieb erfolgt durch einen Nutzenergieanbieter. Die Alternative wäre die Eigenleistung der Kommune, d.h. die Beschaffung von Brennstoff, die Ersatz- und Energiesparinvestitionen von Energieanlagen, deren Wartung, Instandsetzung und Unterhaltung sowie der zugehörige Personaleinsatz würden in Eigenregie erledigt. Statt dessen bezieht die Kommune über den Nutzenergieanbieter nun die Wärme, die nach Verbrauch abgerechnet wird. In der Wahl der Technologie zur Bereitstellung der Wärme ist dieser Anbieter dann grundsätzlich autark. Die neue Heizungsanlage steht evtl. weiterhin im gleichen Keller, ist aber von der Zuständigkeit quasi „ausgelagert".

---

[3] vgl. den ausführlichen Beitrag hierzu in Kapitel 13
[4] Erläuterungen zu den Begriffen „End-" und „Nutzenergie" s. Kap. 2.5

12 Grundlegende Probleme und Lösungsansätze der Finanzierung

Dabei geht es dem Auftraggeber (z.B. der Kommune) im Allgemeinen:

- darum, die **Kosten für die Ersatzinvestition nicht selber tragen** zu müssen,
- um eine **dauerhafte** Ausgliederung vieler Aufgaben der Energiebereitstellung, -umwandlung, etc.
- und um die Vergabe an **Spezialisten**, die sehr effiziente Technik einsetzen.

Die **Ausweitung auf Technologien zur Bedarfsminderung** (z.B. Wärmedämmung) ist generell möglich, wird aber in der Praxis bislang praktisch nicht angeboten, da dann die gesamten Regeleinrichtungen, Bauteile wie Dämmung mit betrieben werden müßten. Dies ist nicht unproblematisch, z.B. im Hinblick auf Abgrenzung und Haftung. Angeboten wird deshalb bisher meist nur die Lieferung von Wärme (und ggf. Strom aus Kraft-Wärme-Kopplung).

Die **Preise für die Nutzenergielieferung** sind im Gegensatz zum Einspar-Contracting nicht an möglichen Einsparerfolgen orientiert. Selbstverständlich ist aber die Einbeziehung von Einsparungen bei der Preisgestaltung möglich. Insgesamt sind derartige Verträge geeignet zur Finanzierung von Investitionen, die vor allem dem Ersatz von Altanlagen der Versorgung dienen und darüber hinaus damit zusammenhängende Energiesparmaßnahmen umfassen (z.B. Erneuerung einer Kesselanlage mit Einsatz der Brennwerttechnik).

Die **Verträge** entsprechen im Kernbereich jeder externen Versorgung mit Energieträgern (z.B. Fernwärme, Gas, Strom). Bezogen auf Wärmelieferung sind sie direkt mit Fern- bzw. Nahwärmelieferung vergleichbar. Die Nutzenergielieferverträge bieten vielfältige Möglichkeiten für die Ausgestaltung, Änderung und Beendigung der Vertragsbeziehungen (z.B. periodische Neuausschreibung).

Bei größeren Objekten bietet sich **die Möglichkeit der Beteiligung des Energienutzers** (Betreiber-Modell): So könnten beispielsweise bei Anschlußmöglichkeit weiterer Liegenschaften Eigentümer und Investor eine Betreibergesellschaft gründen. Damit besteht für den Wärmeabnehmer die Möglichkeit der Kontrolle und Einflußnahme. Darüber hinaus ist er am betriebswirtschaftlichen Erfolg beteiligt.

Empfehlenswert ist auch hier die **Hinzuziehung von Fachleuten** vor Abschluß eines Vertrages. Daneben sollte in jedem Fall darauf geachtet werden, daß bei Vertragsende die Übernahme der technischen Einrichtungen nach dem Restbuchwert erfolgt. Der in Verträgen vielfach angebotene Sachzeitwert ist für die Kommune in jedem Fall ungünstiger. Daneben empfiehlt sich immer eine Vergleichsbetrachtung Liefervertrag/Selbstinvestition über mindestens die Laufzeit des Vertrages. In dieser Vergleichsrechnung sollten unterschiedliche Preissteigerungsraten „durchgespielt" werden. Je nach Preisgestaltung und Preisgleitklausel kann sich der Kostenvorteil der Fremdlieferung in den ersten Jahren in einen Kostennachteil in späteren Jahren verwandeln. Hieraus ergibt sich, daß aus Sicht des Abnehmers eine Vertragskündigung nach Ablauf von 10 Jahren möglich sein sollte.

Beispiel: Erneuerung einer Heizungsanlage

Nachfolgend werden am **Beispiel der Erneuerung einer Heizzentrale** die Eigenleistung mit 2 Varianten einer Wärmelieferung verglichen. Die Kennzeichen der Varianten lauten:

- **Eigenleistung:** Der Kunde bezahlt und betreibt die neue Heizzentrale selbst. Strom und Gas bezieht er über den Energieversorger.

- **Wärmelieferung I:** Der Kunde schließt einen Wärmelieferungsvertrag mit einem Energiedienstleister, der wiederum die neue Heizzentrale finanziert, betreibt etc. Der ausgehandelte Wärmepreis hat einen leistungs- und einen arbeitsabhängigen Anteil.

- **Wärmelieferung II:** Wie bei Wärmelieferung I, mit dem Unterschied, daß der ausgehandelte Wärmepreis ausschließlich arbeitsabhängig gestaltet ist (ein sogenannter linearer Tarif).

Anhand der resultierenden Wärmepreise zeigt sich, daß hier die Eigenleistung mit 142 DM/MWh am teuersten kommt. Die günstigste Variante mit 111 DM/MWh ist die Wärmelieferung I (Leistungs- und Arbeitsteil der Wärmekosten) vor der Wärmelieferung II (linearer Wärmepreis) (120 DM/MWh). Berücksichtigt man allerdings zukünftige Energieeinsparungen am Gebäude von ca. 20%, so schneidet die Wärmelieferungsvariante II in diesem Fall günstiger als die Variante I (dann 126 DM/MWh) ab.

Tab. 12-3: Vergleich Wärmelieferung – Eigenerzeugung

Ausgangsdaten			
Gaspreis	4,5	Pf/kWh	
Strompreis	43,03	Pf/kWh	
Wärmepreis Leistungsteil	47,74	DM/kW,a	
Wärmeteil Arbeitspreis	50,03	DM/kWh Nutzenergie	
Wärmepreis linear (Alternative)	120	DM/kWh Nutzenergie	
Investitionskosten für Heizzentrale inkl. zugehöriger Regelung, Schornstein usw. lt. Ausschreibung	1,28	Mio. DM	
Betriebsgebundene Kosten	1,5	% der Investitionskosten	
Sonstige Kosten	1	% der Investitionskosten	
Annuität auf 15 Jahre, Zinssatz 7,5%	11,33	% der Investitionskosten	
Brennstoffeinsatz vor Sanierung	2783,088	MWh/a	
Brennstoffeinsatz nach Sanierung	2098,2275	MWh/a	
Nutzwärmebezug nach Sanierung	1888,405	MWh/a	
Hilfsenergie nach Sanierung	20	MWh/a	
Ergebnis im ersten Jahr			
Kostenart	Eigenleistung	Wärmelieferung 1	Wärmelieferung II (linearer Wärmepreis)
Kapitalgeb. Kosten	145.024 DM/a		
Betriebsgeb. Kosten	19.2000 DM/a		
Betriebsgeb. Kosten (Hilfsenergie)	6.806 DM/a		
Sonstige Kosten	12.800 DM/a		
Verbrauchsgebund. Kosten	84.978 DM/a		
Wärmekosten Leistungsteil		114.552 DM/a	
Wärmekosten Arbeitsteil		94.477 DM/a	
Wärmekosten (Alternative)			226.609 DM/a
Gesamtkosten	268.808 DM/a	209.029 DM/a	226.609 DM/a
Wärmepreis	142 DM/MWh	111 DM/MWh	120 DM/MWh
Einfluß von weitergehenden Sparmaßnahmen Durch Einsparungen am Gebäude wird der Nutzenergiebezug in Folgejahren um 20% reduziert (Versorgungsvarianten wie vor):			
Gesamtkosten	251.813 DM/a	190.134 DM/a	181.287 DM/a
Wärmepreis	167 DM/MWh	126 DM/MWh	120 DM/MWh

Speziallösung Energiedienstleistungszentrum Rheingau-Taunus-Kreis

Eine kommunale Speziallösung für das Finanzierungsmodell Nutzenergielieferung ist die sogenannte „unechte Privatisierung" wie sie im Rheingau-Taunus-Kreis betrieben wird. Das Energiedienstleistungszentrum (EDZ) Rheingau-Taunus-Kreis ist eine GmbH mit dem Kreis als alleinigem Gesellschafter. Der Großteil der kreiseigenen Wärmeerzeugungsanlagen wurde dem EDZ übertragen und ein Wärmeliefervertrag abgeschlossen. Daneben wird über einen Energiemanagement-Vertrag gezielt die Reduzierung der Kosten für Energiedienstleistungen jedweder Art umgesetzt. Verbrauchskontrolle, Kostenkontrolle und Investitionsplanung sind hierfür die wesentlichen Einflußfaktoren, die im EDZ organisatorisch zusammengeführt sind[5].

Fazit

Heute liegen in den Kommunen noch erhebliche wirtschaftliche Einsparpotentiale brach. Um diese zu aktivieren, muß auch in der Verwaltung eine betriebswirtschaftliche Betrachtung mit entsprechenden Lösungen Einzug halten. Hierzu zählt der Einsatz von neuen Finanzierungsmodellen wie dem Contracting und der Nutzenergielieferung, die manche Probleme der kameralistischen Haushaltsstrukturen zu umgehen vermögen. Grundlage für die Beurteilung dieser Modelle ist eine ganzheitliche Sichtweise auf der Basis der Vollkostenrechnung. Vor dem Hintergrund knapper kommunaler Finanzen bieten solche Angebote eine Alternative zur Eigenfinanzierung. Sie entbinden die Kommune aber keinesfalls von einer sorgfältigen und kritischen Prüfung des jeweiligen Einzelfalls. Ist die hierfür erforderliche Fachkompetenz innerhalb der Verwaltung nicht vorhanden, sollte in jedem Fall auf die Unterstützung neutraler Stellen wie beispielsweise Landesenergieagenturen oder kommunale Energiebeauftragte zurückgegriffen werden.

---

[5] vgl. die ausführliche Beschreibung in Kap. 14

13 Stadtinternes Contracting in Stuttgart

Dr. Volker Kienzlen, Stuttgart

In der langjährigen Tätigkeit des Energiedienstes stellte sich vielfach das Problem, daß Maßnahmen zur Energieeinsparung von den Fachämtern nicht oder nur mit erheblicher zeitlicher Verzögerung durchgeführt wurden. Dies lag zum einen daran, daß die Fachämter andere Prioritäten gesetzt hatten, zum anderen daran, daß die laufenden Mittel für Bauunterhaltung für derartige Maßnahmen nicht ausreichen. Hier soll nun ein neues Finanzierungssystem Abhilfe schaffen, das den Gedanken des Contracting aufgreift, aber ausschließlich mit städtischen Haushaltsmitteln operiert. Um das Stuttgarter Finanzierungsmodell sinnvoll einsetzen zu können, muß ein gut funktionierendes Energiemanagement vorhanden sein.

Dieses wurde in Kapitel 10 ausführlich vorgestellt.

13.1 Bisherige Finanzierungsproblematik

In den vergangenen Jahren wurde sehr unregelmäßig in Maßnahmen zur Energieeinsparung investiert. Abb. 13-1 zeigt die von der Stadt Stuttgart getätigten Investitionen in den vergangenen Jahren. In der Regel wurden diese Investitionen im Zusammenhang mit Maßnahmen der Bauunterhaltung getätigt. Bezogen auf die jährliche Energierechnung ist das Investitionsvolumen im Bereich Energieeinsparung bescheiden.

Einer der Gründe für die Einrichtung eines neuen Finanzierungssystems war der Wunsch, hier eine höhere Kontinuität zu erreichen. Wenn mehr Investitionsmittel zur Verfügung stehen und diese gezielt eingesetzt werden können, ist mittelfristig eine weitere Entlastung des Energiehaushalts zu erwarten.

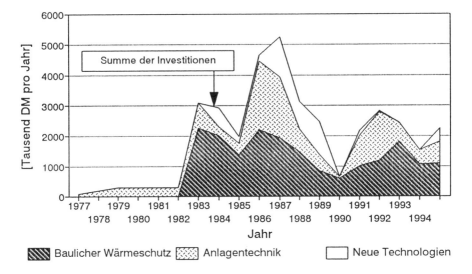

Abb. 13-1: Investitionen für energiesparende Maßnahmen

Die Fachämter, denen diese Vorschläge zugeleitet wurden, waren in der Vergangenheit vielfach nicht in der Lage, diese umzusetzen. Der Schwerpunkt des Schulverwaltungsamtes beispielsweise liegt eher im Bereich der Schulraumversorgung, das Kur- und Bäderamt ist an der Attraktivität der städtischen Mineral-, Hallen- und Freibäder interessiert. Im Rahmen der laufenden Bauunterhaltung ließen sich daher vielfach nur Kleinmaßnahmen realisieren. Haushaltsplanrelevante Maßnahmen konnten häufig nur mit mehreren Jahren Verzögerung oder gar nicht umgesetzt werden.

Zudem hatte bisher das einzelne Fachamt keinen Vorteil davon, Energie einzusparen. Nicht verbrauchte Mittel für Energie konnten nicht für andere Zwecke verwendet werden.

Vielfach besteht zudem das Dilemma darin, daß bei größeren Maßnahmen Mittel aus dem Vermögenshaushalt investiert werden müssen, während der Verwaltungshaushalt durch niedrigere Energiekosten langfristig entlastet wird.

Eine andere Form der Finanzierung soll diese Probleme lösen, ohne großen Verwaltungsaufwand zu verursachen.

Grundgedanke dabei ist, daß die eingesparten Energiekosten zur Finanzierung der Energieinvestitionen verwendet werden. Für eine derartige Finanzierungsform wurde der Begriff „Contracting" geprägt.

13.2 Probleme externen Contractings

Die Finanzierungsform des Contracting ermöglicht dem Betreiber, den Energieverbrauch seiner Liegenschaften zu senken, ohne eigenes Kapital investieren zu müssen.

Ein Contractingunternehmen investiert in Maßnahmen zur Energieeinsparung und erhält einen Teil der eingesparten Energiekosten, bis die getätigte Investition getilgt ist.

Selbstverständlich sind dabei Zuschläge für Wagnis und Gewinn sowie eine Verzinsung des Kapitals enthalten. Nicht immer legt das Contractingunternehmen offen, welche Investitionen getätigt werden. Die jährlich zu bezahlende Summe richtet sich nach den erzielten Energiekosteneinsparungen, auch wenn diese durch sehr einfache Maßnahmen wie Anpassung der Energielieferverträge erzielt werden.

Contracting-Anbieter sind vielfach nicht an Projekten mit einem Investitionsvolumen unter 20.000 DM interessiert, da der Fixkostenanteil für die Projektabwicklung zu hoch wird.

Der weitaus größte Teil kommunaler Liegenschaften beispielsweise hat einen Jahreswärmeverbrauch unter 1.000 MWh und einen Stromverbrauch unter 100 MWh. Ohne den Austausch von Wärmeerzeugungsanlagen liegen wirtschaftliche Investitionen häufig unter 20.000 DM.

Auf Seiten des Betreibers entsteht für jedes Projekt Aufwand für die technische und wirtschaftliche Bewertung. Daher ist auch der Betreiber nicht an Kleinprojekten interessiert.

13.3 Stadtinternes Contracting

Wie lassen sich nun trotzdem wirtschaftliche Vorhaben zur Energieeinsparung kurzfristig finanzieren und damit umsetzen?

Für die Stadt Stuttgart wurde ein Finanzierungssystem geschaffen, das den Gedanken des Contracting aufgreift, ohne die oben dargelegten Nachteile aufzuweisen. An der Ausgestaltung dieses Stuttgarter Modells war neben der Abteilung Energiewirtschaft des Amts für Umweltschutz die Haushaltsabteilung der Stadtkämmerei intensiv beteiligt.

Beim stadtinternen Contracting werden Maßnahmen zur Energieeinsparung vom Amt für Umweltschutz vorfinanziert. Die beim jeweiligen Fachamt erzielten Energieeinsparungen fließen dabei so lange an das Amt für Umweltschutz zurück, bis das eingesetzte Kapital zurückbezahlt ist. Es handelt sich also um ein zweckgebundenes, zinsloses Darlehen an das Fachamt. Das zurückgeflossene Geld steht dann wieder bei der Energiewirtschaft für weitere Investitionen zur Verfügung.

Der Abteilung Energiewirtschaft des Amts für Umweltschutz werden im Zeitraum von 1995 bis 1999 insgesamt 4,5 Mio. DM zur Verfügung gestellt. Im laufenden Jahr 1995 stehen bei einer neuen Haushaltsstelle des Amts für Umweltschutz insgesamt 1,2 Mio. DM zur Verfügung, für 1996 sind 1,5 Mio. DM eingeplant. Der tatsächliche Bedarf sowie die zur Verfügung stehenden Haushaltsmittel werden dabei noch berücksichtigt. Zu diesen Mitteln kommt noch der Rückfluß aus den im Jahre 1995 investierten Mitteln. Legt man eine durchschnittliche Kapitalrückflußzeit von 5 Jahren zugrunde, können 1996 dann 1,74 Mio. DM für weitere Investitionen zur Energieeinsparung investiert werden. Im Jahre 2000 endet die „Anschubfinanzierung". Ab diesem Zeitpunkt erfolgt die Finanzierung weiterer Maßnahmen dann ausschließlich aus den eingesparten Energiekosten, die an das Amt für Umweltschutz zurückfließen. In Abb. 13-2 sind die für Maßnahmen zur Energieeinsparung verfügbaren Mittel bis zum Jahre 2002 dargestellt. Diese Grafik basiert auf der Annahme, daß eine durchschnittliche Kapitalrückflußzeit von 5 Jahren erreicht wird. Die tatsächlich verfügbaren Mittel können daher nach oben oder unten abweichen.

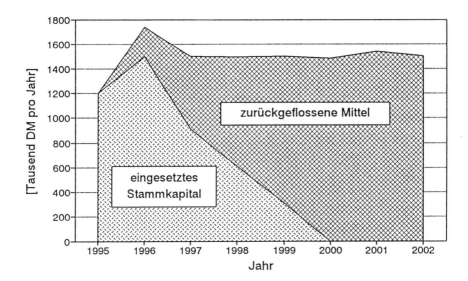

Abb. 13-2: Verfügbare Investitionsmittel

Das stadtinterne Contracting hat mehrere Vorteile:

Im Gegensatz zu externen Finanzierungsmöglichkeiten entfallen hierbei Zinsen und Zuschläge für Wagnis und Gewinn. Die tatsächlich entstandenen Investitionskosten sind innerhalb der Stadt nachvollziehbar.

Auch kleinere Investitionen können kurzfristig getätigt werden. In der laufenden Arbeit des Energiedienstes tauchen häufig kleinere Probleme z. B. im Bereich Regelungstechnik auf, die für weniger als 5.000 DM beseitigt werden können. Auch Teilfinanzierungen beispielsweise beim Austausch von Wärmeerzeugern oder bei Fassadendämmungen sind möglich.

Die Abteilung Energiewirtschaft ist für die jeweilige Maßnahme verantwortlich. Eine sorgfältige Analyse der möglichen Energieeinsparung sowie eine wirtschaftliche Bewertung auf der Basis der vom Hochbauamt ermittelten Kosten ist erforderlich, um die prognostizierte Energiekosteneinsparung auch tatsächlich realisieren zu können. Dies macht deutlich, daß ein derartiges Finanzierungssystem nur funktionieren kann, wenn von den Fachämtern unabhängiger Sachverstand in der Verwaltung vorhanden ist.

Eine etablierte Organisationseinheit Energiewirtschaft bietet hierzu die besten Voraussetzungen. Entscheidend für das langfristige Funktionieren dieses Modells ist es, daß die prognostizierten Einsparungen auch tatsächlich erreicht werden: Zur Finanzierung weiterer Investitionen steht ab dem Jahr 2000 ausschließlich der Kapitalrückfluß aus den eingesparten Energiekosten zur Verfügung. In jedem Einzelfall ist die Wirtschaftlichkeit der Maßnahme sicherzustellen. Um dies zu gewährleisten, wurde als Bedingung festgelegt, daß die Lebenserwartung der Anlage um den Faktor 1,25 größer sein muß als die Kapitalrückflußzeit. Prinzipiell ist dieses Modell nicht nur auf Verwaltungen, sondern auch auf größere Unternehmen übertragbar. Das Dilemma Vermögenshaushalt/Verwaltungshaushalt besteht hier gleichermaßen.

13.4 Sachliche Abwicklung

Von der Abteilung Energiewirtschaft, einem Fachamt oder dem Hochbauamt wird eine Maßnahme vorgeschlagen. Die Abteilung Energiewirtschaft ermittelt die mögliche Energiekosteneinsparung und schätzt auf der Basis der überschlägigen Kostenermittlung des Hochbauamtes die Wirtschaftlichkeit der Maßnahme ab. Ergibt sich hierbei eine interessante Kapitalrückflußzeit, ermittelt das Hochbauamt die Kosten.

Eine detaillierte Wirtschaftlichkeitsrechnung schließt sich an. Bestätigt sich die gute Wirtschaftlichkeit, schließen das Fachamt und das Amt für Umweltschutz eine Vereinbarung ab. In dieser Vereinbarung wird die durchzuführende Maßnahme beschrieben, die Kosten dargelegt sowie die mögliche Energieeinsparung berechnet. Weiterhin wird festgelegt, ob die Finanzierung ausschließlich aus Mitteln des Amts für Umweltschutz erfolgt oder ob eine Teilfinanzierung vereinbart wird. Teilfinanziert wird immer dann, wenn es sich um den Austausch bestehender Anlagen handelt. Bei Erneuerung eines Heizkessels oder einer Beleuchtungsanlage ist dies zunächst eine Maßnahme der Bauunterhaltung und erst an zweiter Stelle eine Maßnahme zur Energieeinsparung. Der Ablauf der Finanzierung ist in Abb. 13-3 schematisch dargestellt.

Abb. 13-3: Ablauf beim Finanzierungsmodell der Stadt Stuttgart (© Kiedaisch, Stadtkämmerei)

Für den Nachweis der Energieeinsparung sind zwei Möglichkeiten vorgesehen: Falls der Einsatz von Zählern einfach und ohne große Zusatzkosten möglich ist, wird dies vorgesehen. Die Verhältnismäßigkeit von Aufwand und Ergebnis muß jedoch gegeben sein.

Bei einer Vielzahl von Maßnahmen ist der meßtechnische Nachweis nicht möglich oder sinnvoll. Bei Maßnahmen zur Verbesserung des baulichen Wärmeschutzes ist eine Messung nicht sinnvoll, der rechnerische Nachweis der möglichen Einsparung jedoch sehr genau möglich. Bei derartigen Maßnahmen kann die Höhe des Kapitalrückflusses bereits in dieser Vereinbarung festgelegt werden.

Etwaige besondere Betriebsweisen werden ebenfalls fixiert. Um dem Fachamt einen zusätzlichen Anreiz zu schaffen, kann der Kapitalrückfluß auf 80% der eingesparten Energiekosten begrenzt werden. Bereits im ersten Jahr nach der Realisierung der Maßnahme ergibt sich eine finanzielle Entlastung für das Fachamt, die Laufzeit der Vereinbarung verlängert sich entsprechend. Die Berechnung der Wirtschaftlichkeit ist ein Anhang dieser Vereinbarung.

Ab dem ersten Jahr nach Durchführung der Maßnahme beginnt der Kapitalrückfluß. Er endet, wenn die eingesetzten Mittel ohne Verzinsung getilgt sind. Aus diesen zurückgeflossenen Mitteln können nun weitere Projekte finanziert werden.

13.5 Haushaltstechnische Abwicklung

Die Finanzmittel werden bei einer Haushaltsstelle (Vermögenshaushalt) des Amts für Umweltschutz verwaltet. Wenn mit einem Fachamt eine Vereinbarung abgeschlossen ist, beantragt dieses Fachamt bei der Stadtkämmerei überplanmäßige Mittel. Als Deckungsvorschlag wird die Haushaltsstelle des Amts für Umweltschutz angegeben.

Die Realisierung der Maßnahmen erfolgt entsprechend der Zuständigkeitsordnung. In der Regel wird das Hochbauamt mit der Realisierung der vorgeschlagenen Maßnahme beauftragt.

Das Amt für Umweltschutz ermittelt im Jahr nach der Realisierung die tatsächlich erzielte Energieeinsparung. Der entsprechende Betrag wird von den Haushaltsstellen der Fachämter (Verwaltungshaushalt) auf das Amt für Umweltschutz übertragen.

13.6 Bisher abgeschlossene Vereinbarungen

Bei einem Straßentunnel und einer großen Unterführung wird die Beleuchtungsanlage von Leuchtstofflampen auf Natriumdampf-Hochdrucklampen umgerüstet. Dabei entstehen Kosten von 220.000 DM bzw. 450.000 DM. Durch die Umrüstung läßt sich eine Stromkosteneinsparung von 22.000 DM bzw. 42.000 DM erzielen. Das Amt für Umweltschutz übernimmt im ersten Fall 110.000 DM, im zweiten Fall 210.000 DM der Gesamtkosten. Der Differenzbetrag stammt aus Mitteln zur Bauunterhaltung im Tiefbauamt.

In mittlerweile 5 Schulen haben Umweltgruppen mit der Dämmung der obersten Geschoßdecke ihres Schulgebäudes begonnen. Die vorhandenen Kaltdächer mit k-Werten von 2,0 bis 1,0 W/m²K erhalten eine 2-lagige Dämmstoffauflage, mit der k-Werte von 0,2 W/m²K erreicht werden. Dieser Zielwert wird für oberste Geschoßdecken überall dort angestrebt, wo keine konstruktiven Hindernisse im Weg stehen. In der Regel wird nur stellenweise ein Gehbelag vorgesehen. Bei diesen Objekten wurden bisher 3.600 m² Dachfläche gedämmt. Vom Amt für Umweltschutz wurden die gesamten Kosten von ca. 65.000 DM übernommen.

Ein Rückfluß der Mittel ist in 3-6 Jahren zu erwarten, je nach Energieart und erzielter Verbesserung des k-Wertes.

In 15 Schulen werden die veralteten Regelgeräte gegen moderne, digitale Regelgeräte ersetzt, die sowohl die Heizkurvenadaption als auch die optimierte Ein- und Ausschaltung ermöglichen. Die Investitionskosten von 175.000 DM werden vollständig vom Amt für Umweltschutz getragen. Es werden Einsparungen von 35.000 DM pro Jahr erwartet.

Eine Luftkollektoranlage zur solaren Beheizung von Umkleideräumen wird ebenfalls zu einem Teil vom Amt für Umweltschutz finanziert. Das Projekt wird mit 13.000 DM vom Land Baden-Württemberg gefördert. Die Umkleideräume im Untergeschoß einer Turnhalle müssen hier auch im Sommer beheizt werden. Dafür ist der Heizkessel in der benachbarten Schule mit sehr schlechten Nutzungsgrad in Betrieb. Unter Einbeziehung der Fördermittel wird auch diese Anlage wirtschaftlich. Das Amt für Umweltschutz beteiligt sich mit 12.500 DM. Durch Abschalten des Heizkessels in den Sommermonaten wird eine Einsparung von 45.000 kWh erwartet.

In einem Verwaltungsgebäude werden im Zuge der anstehenden Kesselsanierung die Heizungsregler durch moderne Geräte mit Optimierung und Heizkurvenadaption ersetzt. Ein kleiner problematischer Teil des Gebäudes erhält eine Innendämmung. Die finanzielle Beteiligung des Amts für Umweltschutz beträgt 12.000 DM, die rechnerische Einsparung beträgt. 2.800 DM.

Eine Vielzahl solcher und ähnlicher Projekte sind möglich und befinden sich teilweise schon im Stadium der Planung.

13.7 Fazit

Das vorgestellte Finanzierungsmodell stellt aus heutiger Sicht eine sehr interessante Möglichkeit dar, Maßnahmen zur Energieeinsparung forciert umzusetzen. Voraussetzung ist dabei eine Stelle, die zum einen mögliche Maßnahmen fachlich beurteilen kann und zum anderen den Überblick über Einsparpotentiale in der gesamten Verwaltung hat.

14 „Unechte" Privatisierung – Energiedienstleistungszentrum Rheingau-Taunus GmbH

Ulrich Schäfer, Rüdesheim

Der Rheingau-Taunus-Kreis mit rd. 170.000 Einwohnern bewirtschaftet Liegenschaften mit verbrauchsgebundenen Kosten von etwa 6 Mio. DM, die vor allem für Schulen anfallen.

Mit dem 1990 auf der Grundlage eines Energiekonzeptes gegründeten Energie-Beratungszentrum Rheingau-Taunus e.V. (**EBZ**) wurde eine Einrichtung geschaffen, die neben klassischer Privatkundenberatung insbesondere auch die Aufgabe hatte, die öffentlichen Einrichtungen des Kreises energetisch zu optimieren.

Das EBZ hat zu diesem Zweck umfangreiche Vorarbeiten zum kommunalen Energiemanagement durchgeführt[1] und den Aufbau eines kommunalen Energiemanagements für den Kreis in Angriff genommen. Bereits der erste Schritt – klassische Aufgaben wie Energieverbrauchserfassung und Liefervertragswesen – zeigte jedoch schon das zentrale Problem: Das EBZ kann auf die bestehenden und für eine optimierte Energiebewirtschaftung ungünstigen Verwaltungsstrukturen bestenfalls kosmetischen Einfluß ausüben. Es mußte insgesamt festgestellt werden, daß ein Energiemanagement – oder auch nur eine wirksame Energieverbrauchskontrolle – keinesfalls sozusagen „nebenher" zu bewerkstelligen ist. In einer Reihe von Einzelmaßnahmen konnten zwar durchaus ökonomisch und ökologisch wirksame Minderungen des Energieeinsatzes erreicht werden. Nachhaltige Einsparerfolge und die systematische Aktivierung bestehender Einsparpotentiale innerhalb der Strukturen des EBZ und des Kreises sind jedoch

---

[1] u.a. auch durch Beteiligung an der Arbeitsgruppe zum Akropolis-Projekt des Landes Hessen

– gemessen an den existierenden Möglichkeiten – nur in äußerst bescheidenem Umfang und dazu extrem langsam zu realisieren.

Kein Tabu: Strukturen

Das EBZ hat deshalb für den Kreis ein Werkzeug zur Energiebewirtschaftung und zur Finanzierung von Energiesparmaßnahmen konzipiert, mit dem konsequent die oben beschriebenen strukturellen Hürden der Kameralistik umgangen werden sollen: **Das Energiedienstleistungszentrum Rheingau Taunus GmbH (EDZ).** Die **Aufgaben** des EDZ umfassen:

- Durchführung von Energiemanagementaufgaben (Verbrauchskontrolle, Vertragswesen etc.)
- Wärmeversorgung der Liegenschaften
- Investition von Energiesparmaßnahmen (evtl. Auftreten als Contractor)

Wichtige **Kennzeichen** des EDZ sind dabei:

- „Unechte" Privatisierung (nicht primär gewinnorientiert, Kreis als alleiniger Gesellschafter)
- Vollständig lineare Wärmelieferverträge (Berechnungsgrundlage: Vollkostenbetrachtung[2])
- Finanzierung der Energiemanagementaufgaben und Einsparinvestitionen durch „Gewinne" der GmbH

Aufgaben des EDZ: Voraussetzung Energiemanagement

Die EDZ GmbH hat das Energiemanagement für alle kreiseigenen Liegenschaften übernommen. Das Energiemanagement ist in einem speziellen Vertrag geregelt und umfaßt die Bedarfsbewertung, die Verbrauchskontrolle, das Vertragswesen sowie das komplette Rechnungswesen für alle Energiearten sowie Wasser, Abwasser und Abfall. Das EDZ finanziert Managementaufgaben aus Einsparungen an verbrauchsgebundenen Kosten; der Kreis erhält das Energiemanagement also mindestens kostenneutral.

---

[2] s. Erläuterungen in Kap. 12 von D. Kellermann-Peter

Als Wärmegesellschaft hat das EDZ dem Kreis die Nutzungsrechte an den kreiseigenen Wärmeerzeugungsanlagen zum Buchwert der Anlagen abgekauft. Der Kreis bezieht seine warmen Klassenzimmer nunmehr auf der Grundlage von Wärmelieferverträgen, die ihn von Wartung, Instandhaltung, Reinvestition, Betreuung etc. befreien.

Prinzip „Unechte Privatisierung"

Will man die betriebswirtschaftlichen Mechanismen zur Kostensenkung und Realisierung wirtschaftlicher Investitionen nutzen, muß eine hierfür geeignete Form gefunden werden. Für die Energiebewirtschaftung des Rheingau-Taunus-Kreis wurde die GmbH gewählt. Ein wesentliches Merkmal des EDZ-Konzeptes ist, daß der Kreis als alleiniger Gesellschafter der GmbH auftritt.

Konsequenz hieraus ist, daß erstens der Kreis auch weiterhin den Zugriff auf die Anlagen behält, und daß zweitens die Gesellschaft mit den Wärmeerzeugungsanlagen des Kreises nicht primär gewinnorientiert arbeitet, sondern entsprechend der politischen Vorgabe Einsparungen unmittelbar wieder energiesparenden, investiven Maßnahmen zuführt. Das ist für den Kreis im übrigen auch wirtschaftlich sinnvoll, denn Gewinne würde der Kreis zunächst mit dem Wärmepreis bezahlen; sie würden dem Kreis aber erst nach Steuern wieder zukommen.

Das EDZ ist also eine „unechte Privatisierung"; es werden die Werkzeuge privatwirtschaftlicher Geschäftsprinzipien an die Stelle der üblichen kameralistischen und verwaltungstechnischen Verfahren gesetzt, gleichzeitig aber werden die wirtschaftlichen Vorteile dieses Handelns dem Kreis als einzigem Gesellschafter vollständig erhalten.

Auf diesen Sachverhalt muß besonders hingewiesen werden, denn oft wird die Dienstleistungskonzeption des EDZ mit Dienstleistungsangeboten des privaten Marktes (insbesondere von EVU) gleichgesetzt. Hier werden mit zum Teil gleichen inhaltlichen Instrumentarien zur Kostenoptimierung Gewinne zugunsten des privaten Dienstleisters erwirtschaftet, nicht Einsparungen zugunsten der Kommune.

Es muß also durchaus nicht auf Biegen und Brechen „Outsourcing" betrieben werden. Moderne Verwaltungen, die bereit sind, ihre Strukturen den veränderten Anforderungen konsequent anzupassen, sind durchaus in der Lage, sachgerecht, ökologisch effizient und dazu noch preiswert Aufgaben der Wärmeversorgung und des Energiemanagements wahrnehmen.

Was sich ändert...

Innerhalb der GmbH werden anders als in der Kameralistik die Anlagen abgeschrieben. Die wichtige Folge ist, daß die Sicherung der Reinvestition mit der Inbetriebnahme der Anlage beginnt und so die Unternehmenssubstanz erhalten bleibt. Weiter werden alle Kostengruppen für Anlagen und Anlagenbetrieb unmittelbar als Kosten zur Wärmeerzeugung sichtbar. Das bedeutet insbesondere, daß z. B. der Kapitaleinsatz als regelmäßiges Werkzeug zur Minimierung der Gesamtwärmekosten dient. Betriebs- und Wartungskosten werden ebenfalls nicht mehr der Bauunterhaltung, sondern – sachlich korrekt und streng entsprechend des Prinzips der Vollkostenbetrachtung – der Wärmeerzeugung zugeordnet.

Ein im Konstrukt des EDZ ebenfalls wichtiger Aspekt ist die Konzentration von energietechnischem und energiewirtschaftlichem Sachverstand. Ersteres mußte im bisherigen Verfahren als Teilaufgabe der Bauunterhaltung fast vollständig extern bei Ingenieurbüros eingekauft werden; letzteres wäre organisatorisch korrekt im Schulamt erforderlich gewesen, konnte aber bislang bestenfalls im Rahmen der begrenzten Kapazitäten des Energieberatungszentrums eingebracht werden – ein mit hohen Kosten und hohen Reibungsverlusten behaftetes Verfahren, das nunmehr durch ein schlagkräftiges Instrument ersetzt ist.

Es findet also definitiv eine Gesamtkostenbetrachtung statt; ganz im Sinne der Fehleranalyse unseres bisherigen Tuns. Zusammenfassend kann gesagt werden, daß das EDZ sich aus den Einsparungen durch wirtschaftliche Maßnahmen finanziert und einen Gewinn für weitergehende Energiesparmaßnahmen einsetzt.

Die Vorteile für den Kreis...

Verbrauchssenkung I: Effizienzsteigerung und Anlagenmodernisierung

Die Wärmepreiskalkulation auf der Basis von Jahreskostenbetrachtung bedeutet insbesondere, daß das EDZ innerhalb dieser Gesamtkosten für die optimierte Erzeugung einer MWh Wärme ohne großen administrativen Aufwand alle bekannten Register ziehen kann: Zum Beispiel verbesserte Technik durch mehr Kapitaleinsatz, verbesserte Bedienung und Wartung durch Personalschulung und -betreuung, verbesserter Energieeinkauf etc. Es findet also eine systematische Minderung des spezifischen Endenergieverbrauchs und damit auch der Schadstoffemission statt.

Verbrauchssenkung II: Verringerung des Bedarfs

Die nachhaltigste Energiesparmaßnahme ist die Vermeidung. Hier liegt sowohl die ökologische wie auch die ökonomisch wirksamste Aufgabe des EDZ:

Das EDZ ist ein strategisches Instrument, um aus dieser Erkenntnis möglichst zeitnah signifikante Folgerungen zu verwirklichen.

Das Grundelement ist der Wärmeliefervertrag, der vollständig linear gestaltet ist.

Dies bedeutet, daß auch für bauliche Wärmeschutzmaßnahmen des Kreises mit dem EDZ völlig neue wirtschaftliche Rahmenbedingungen entstehen: Statt ausschließlich den Verbrauchskostenanteil für vermiedene Brennstoffkosten gegenzurechnen, kann nunmehr der gesamte Wärmepreis je MWh eingesparter Wärme gegengerechnet werden; bei gleicher Maßnahme also in der Regel etwa die doppelte monetäre Einsparung gegenüber dem vorherigen Stand.

Mit Hilfe des nach wie vor verfügbaren Beratungszentrums wird der Kreis so in die Lage versetzt, gegenüber dem üblichen Verfahren auch bauliche Investitionen im Hinblick auf energetische und ökologische Kriterien zu optimieren. Es besteht zusätzlich die Möglichkeit, daß das EDZ hier als Contractor auftritt und gegen befristetes Festschreiben der Gesamtwärmekosten die Wärmeschutzinvestition übernimmt.

Was bringt das EDZ der Umwelt?

Die betriebswirtschaftliche Seite des EDZ geht im ersten Jahr von gleichen Gesamtkosten (lt. Vollkostenbetrachtung!) wie im kameralistischen System aus.

Im Gültigkeitszeitraum des Wärmeliefervertrages (10 Jahre) wird davon ausgegangen, daß die Wärmeabnahme um bis zu 20% abnimmt.

Diese kalkulierte Umsatzminderung der GmbH steht dabei vollständig zur Finanzierung der baulichen Energiesparmaßnahmen zur Verfügung.

Die Minderung des Nutzwärmeeinsatzes bedeutet auf der Kostenseite natürlich eine Minderung der verbrauchsgebundenen Kosten. Zusammen mit der Steigerung der Effizienz durch optimierte Anlagenbewirtschaftung wird von insgesamt 25% Kostenminderung und rd. 30% Verbrauchsminderung ausgegangen. Die CO_2-Emissionen p.a. werden wegen verstärktem Einsatz CO_2-armer Brennstoffe sogar um deutlich mehr als 30% reduziert werden.

Die wegen des linearen Wärmepreises nicht über Verbrauchskostenminderung kompensierten Einnahmeminderungen des EDZ können durch betriebsinterne Rationalisierung von Arbeitsabläufen, Automatisierung vor allem bei der Anlagenüberwachung und ähnlichen Maßnahmen überkompensiert werden.

Ausblick für Städte und Gemeinden

Bereits beim Gründungsbeschluß zum EDZ im Herbst 1994 hat der Kreistag dem EDZ ausdrücklich die Aufgabe zugewiesen, auch den kreisangehörigen Städten und Gemeinden als Dienstleister zur Verfügung zu stehen.

Vor allem für die kleineren Kommunen besteht damit die Möglichkeit, auch bei relativ geringem Gesamtetat für Energie eine intensive und fachlich hochwertige Energiebewirtschaftung ohne eigenen Personalvorhalt zu realisieren.

Zusammenfassung

Das Energiedienstleistungszentrum Rheingau-Taunus GmbH ist ein realisierbares Modell für Kommunen, um wirksam, zeitnah und wirtschaftlich effizient Energieeinsparungen und Emissionsminderungen durch den kommunalen Bedarf an Energiediensten zu erreichen.

Das Modell beruht auf der Erkenntnis, daß Energiemanagement und Vollkostenrechnung zwingende Voraussetzung hierfür sind. Das EDZ wurde konzipiert und umgesetzt, um den strukturellen Schwächen üblichen Verwaltungshandelns ein fortschrittliches Instrument zur Wahrnehmung der kommunalen Verantwortung für Energieeinsparung und Klimaschutz entgegenzustellen.

Die Autoren

Thomas Alt wurde 1962 in Heidelberg geboren. Er studierte an der Universität Heidelberg Physik mit Schwerpunkt Umweltphysik. Nach der Diplomprüfung absolvierte er den Aufbaustudiengang Energiewirtschaft an der Fachhochschule Darmstadt. Seine Abschlußarbeit mit dem Thema "Kommunales Energiemanagement in Kommunen zwischen 20.000 und 100.000 Einwohnern" fertigte er am ifeu-Institut für Energie- und Umweltforschung Heidelberg GmbH an. Dort ist er seitdem als wissenschaftlicher Mitarbeiter bei der Erstellung von Energiekonzepten tätig, u.a. mit den Themenschwerpunkten öffentliche Gebäude, Gebäudesanierung und Straßenbeleuchtung.

Markus Duscha, Jahrgang 1964, verheiratet, 1 Kind, studierte Elektrotechnik an der RWTH Aachen und Psychologie (Aufbaustudium) an der Universität Heidelberg. Er arbeitet seit 1991 als wissenschaftlicher Mitarbeiter am ifeu-Institut für Energie- und Umweltforschung Heidelberg GmbH im Fachbereich Energie und Umwelt. Zudem war er zeitweilig als Lehrbeauftragter an der Fachhochschule Darmstadt im Aufbaustudiengang Energiewirtschaft tätig. Schwerpunktthemen seiner bisherigen Arbeit: Kommunale Energie- und Klimaschutzkonzepte, Energieberatung, Technikfolgenabschätzung.

Christian Gleim, Jahrgang 1955, studierte Biologie in Bonn und Regionalplanung in Karlsruhe. Von 1986 bis 1992 leitete er die Abteilung Umweltplanung des Amtes für Umweltschutz der Stadt Pforzheim. Danach wechselte er zur Stadt Wuppertal und leitete bis 1995 im dortigen Amt für Umweltschutz ebenfalls die Abteilung Umweltplanung. Er war maßgeblich an der Entwicklung und dem Aufbau des Managementsystems der Gemeinschaftsaufgabe Umweltschutz der Stadt Wuppertal beteiligt und zeichnet als Senior-Manager verantwortlich für das Umweltmanagement im Geschäftsbereich Natur-Raum-Bau der Stadt Wuppertal. In dieser Eigenschaft ist er auch Projektleiter für das CO_2-Minderungskonzept der Stadt Wuppertal.

Hans Hertle, Jahrgang 1954, verheiratet, 3 Kinder, studierte Versorgungstechnik an der Fachhochschule in Esslingen. Danach arbeitete er am Fraunhoferinstitut für solare Energiesysteme in Freiburg (Entwicklung von Speicherkollektoren). Seit 1989 ist er Leiter des Fachbereiches Energie und Umwelt am ifeu-Institut für Energie- und Umweltforschung Heidelberg GmbH. Schwerpunktthemen seiner bisherigen Arbeit: Kommunale Energie- und Klimaschutzkonzepte, erneuerbare Energien, Energieberatung, Beratung/Fortbildung kommunaler Mitarbeiter, Öffentlichkeitsarbeit.

Doreen Kellermann-Peter, Jahrgang 1957, absolvierte das Studium der Energie- und Wärmetechnik an der Fachhochschule Gießen. Danach insgesamt 11 Jahre Tätigkeit in der freien Wirtschaft, zunächst im Lüftungskomponentenbau Wärmerückgewinner, überwiegend Sonderanwendungen. Dann als Energieberaterin für Handwerk, Gewerbe, kleinere und mittlere Industrieunternehmen sowie Kommunen. Parallel zur Berufstätigkeit Grundstudium Betriebswirtschaft an der FernUni Hagen. Seit 1990 beim Kreisausschuß des Schwalm-Eder-Kreis im Bereich Bauunterhaltung mit Zusatzaufgabe als Energiebeauftragte, inzwischen ausschließliche Betreuung der Energiesparwirtschaft.

Dr. Volker Kienzlen, Jahrgang 1960, studierte Maschinenbau an der Universität Stuttgart und der University of Colorado in Boulder. 1988 bis 1991 arbeitete er als wissenschaftlicher Mitarbeiter an der Deutschen Forschungsanstalt für Luft- und Raumfahrt im Bereich Wasserstoffenergietechnik. 1992 promovierte er an der Universität Stuttgart mit einer Untersuchung zur Blasenentwicklung an gasentwickelnden Elektroden. Seit 1991 arbeitet er in der Abteilung Energiewirtschaft des Amts für Umweltschutz der Stadt Stuttgart, deren Leitung er Ende 1993 übernommen hat. Arbeitsschwerpunkte sind organisatorische und betriebliche Maßnahmen zur Energieeinsparung, aber auch Wirtschaftlichkeitsuntersuchungen von investiven Maßnahmen und Forschungsvorhaben zum Themenkomplex rationelle Energieverwendung.

Dr. Gottfried Römer, Jahrgang 1955, verheiratet, 3 Kinder. Studium der Allgemeinen Agrarwissenschaften Universität Stuttgart-Hohenheim, Studium der Internationalen Agrarentwicklung TU Berlin. Promotion. Weiterbildung zur Fachkraft im technischen Umweltschutz, TU Clausthal. 1994 Anregung und Durchführung eines Pilotprojektes zur Einführung eines kommunalen Energiemanagements in der Stadt Goslar. Seit 1.3.1995 als Energiekoordinator bei der Stadt Goslar tätig (befristet auf zunächst 2 Jahre).

Ulrich Schäfer, Jahrgang 1960, studierte nach einer handwerklichen Lehre und Abitur (II. Bildungsweg) Umweltschutz in Mainz und Bingen. Studienbegleitend arbeitete er im Bereich Sonderabfallbeseitigung, erste Berufserfahrung erwarb er als kommunaler Immissionsschutzbeauftragter. Seit 1990 arbeitet er als verantwortlicher Ingenieur im Energieberatungszentrum Rheingau Taunus e.V. (EBZ). Seine Schwerpunkte sind u.a. die Entwicklung und Erprobung technischer und vor allem organisatorischer Konzepte zur Umsetzung und Markteinführung zukunftsorientierter Ideen zum Energiesparen. Er ist außerdem seit der Gründung 1994 Geschäftsführer des Energiedienstleistungszentrum Rheingau-Taunus GmbH, einem Ergebnis der konzeptionellen Arbeiten des EBZ.

Quellenangaben

AGES 1996
: AGES GmbH: Verbrauchskennwerte 1996, Energie-und Wasserverbrauchskennwerte von Gebäuden in der Bundesrepublik Deutschland; Forschungsbericht, Münster 1996

Alt 1995
: Alt, Thomas: Kommunales Energiemanagement in Kommunen mit 20.000 bis 100.000 Einwohnern, Abschlußarbeit an der Fachhochschule Darmstadt, Aufbaustudiengang Energiewirtschaft, Darmstadt 1995

AMEV 1979
: Arbeitskreis Maschinen- und Elektrotechnik staatlicher und kommunaler Verwaltungen (AMEV) (Hrsg.): Empfehlungen zur Sicherstellung sparsamer Energieverwendung beim Betrieb technischer Anlagen in öffentlichen Gebäuden, Bonn 1979

AMEV 1985
: Arbeitskreis Maschinen- und Elektrotechnik staatlicher und kommunaler Verwaltungen (AMEV) (Hrsg.): Wartung 85 – Vertragsmuster für Wartung, Inspektion und damit verbundenen kleinen Instandsetzungsarbeiten für technische Anlagen und Einrichtungen in öffentlichen Gebäuden, Bonn 1985

AMEV 1990
: Arbeitskreis Maschinen- und Elektrotechnik staatlicher und kommunaler Verwaltungen (AMEV) (Hrsg.): Instandhaltung 90, Vertragsmuster für Instandhaltung (Wartung, Inspektion, Instandsetzung) von technischen Anlagen und Einrichtungen in öffentlichen Gebäuden, Bonn 1990

BINE 1991
: Fachinformationszentrum Karlsruhe [BINE, Bürgerinformation Neue Energietechniken, ...] (Hrsg.): Rationelle Energieverwendung in öffentlichen Gebäuden: Kommunales Energiemanagement, 2. Aufl., Köln 1991

EA NRW o.J.
> Energieagentur Nordrhein-Westfalen (Hrsg.): Heizenergiekennwerte und Einsparpotentiale in kommunalen Gebäuden, Kurzfassung einer Studie im Auftrag der Energieagentur NRW, Wuppertal o.J.

Fritsche et. al. 1995
> Fritsche et. al.: Umweltanalyse von Energiesystemen. Gesamt-Emissions-Modell Integrierter Systeme (GEMIS). Version 2.1, Darmstadt/Kassel 1995

Gladbeck 1993
> Stadt Gladbeck (Hrsg.): Energiebericht 1993, Gladbeck 1993

Heidelberg 1994
> Stadt Heidelberg, Amt f. Umweltschutz u. Gesundheitsförderung (Hrsg.): Dienstanweisung für den Betrieb energieverbrauchender Einrichtungen in städtischen Gebäuden, Heidelberg 1994

HMUE 1995
> Hessisches Ministerium für Umwelt, Energie, Jugend, Familie u. Gesundheit (Hrsg.): Heizenergie im Hochbau, Leitfaden für energiebewußte Gebäudeplanung, 5. Aufl., Wiesbaden 1995

HMUEB 1994a
> Hessisches Ministerium für Umwelt, Energie u. Bundesangelegenheiten (Hrsg.): Elektrische Energie im Hochbau, Leitfaden Elektrische Energie, überarb. Entwurf, Wiesbaden 1994

HMUEB 1994b
> Hessisches Ministerium für Umwelt, Energie u. Bundesangelegenheiten (Hrsg.): Modelluntersuchungen zur Stromeinsparung in kommunalen Gebäuden, Zusammenfassender Endbericht, Wiesbaden 1994

Idler 1991a
> Idler, R: Die Bedeutung des Energiesparens für den Umweltschutz. gas 42 (1991), S. 26-35

Idler 1991b
> Idler, R: Energiesparen als Daueraufgabe. Wärmetechnik 36 (1991), S. 118-130

Idler et. al. 1992

    Idler, R.; Albert, H.-J.; Obermiller, U.: Das Stuttgarter-Energie-Kontroll-System (SEKS). Wärmetechnik 37 (1992), S. 138-147

ifeu 1994

    ifeu-Institut für Energie- und Umweltforschung Heidelberg GmbH (Hrsg.): Energiedienstleistungskonzept für die Stadtwerke Heidelberg, Teilkonzepte: „Niedrigenergiehaus und Energiedienstleistung im Wohnungsbau" sowie „Private Haushalte", Heidelberg 1994

IWU 1990

    Institut Wohnen und Umwelt (IWU) (Hrsg.): Energiesparpotentiale im Gebäudebestand, Darmstadt 1990

Kassel 1988

    Stadt Kassel, Hochbauamt (Hrsg.): 10 Jahre Energieeinsparung 1979 bis 1988, Kassel 1988

Neukirchen-Vluyn 1991

    Stadt Neukirchen-Vluyn (Hrsg.): Energieeinsparung in städtischen Gebäuden, Neukirchen-Vluyn 1991

NRW 1993

    Landesregierung Nordrhein-Westfalen (Hrsg.): Prüflisten für die Betriebsüberwachung durch die Staatliche Bauverwaltung Nordrhein-Westfalen, - BÜG-Prüflisten -; Düsseldorf 1993

Schubert 1972

    Schubert, U.: Der Management-Kreis. In: Management für alle Führungskräfte in Wirtschaft und Verwaltung, Bd. I, Stuttgart 1972, S. 43f

Stuttgart 1984

    Stadt Stuttgart, Amt für Umweltschutz (Hrsg.): Energiebericht 1983, Stuttgart 1984

Stuttgart 1995

    Stadt Stuttgart, Umweltschutz- und Ordnungsreferat (Hrsg.): Energiebericht, Fortschreibung für das Jahr 1994, Stuttgart 1995

SIA 1988
> Schweizerischer Ingenieur- und Architekten-Verein (SIA) (Hrsg.): Schweizer Norm Bauwesen. SIA Empfehlung 380/1 Ausgabe 1988, Zürich 1988

UfU 1996
> Unabhängiges Institut für Umweltfragen (UfU) (Hrsg.): Energiesparen an Schulen, Tagungsreader zum gleichnamigen UTECH-Seminar 1996, Berlin 1996

VDI 1985
> Verein deutscher Ingenieure (VDI) (Hrsg.): VDI-Richtlinie 2067, Berechnung der Kosten von Wärmeversorgungsanlagen, Berlin 1985

VDI 1994
> Verein deutscher Ingenieure (VDI) (Hrsg.): VDI-Richtlinie 3807, Energieverbrauchskennwerte für Gebäude, Berlin 1994

Wagener-Lohse & Schreyer 1994
> Wagener-Lohse, G.; Schreyer F.: Steigerung der Energieeffizienz in Kommunen durch Einsatz von Energiebeauftragten. Energieanwendung, Energie- und Umwelttechnik 9/1994, S. 355-359

Wöhe 1973
> Wöhe, G.: Einführung in die Allgemeine Betriebswirtschaftslehre, 11. Aufl., München 1973

Sachwortverzeichnis

Amortisationszeit *s. Wirtschaftlichkeit*
Anlagentechnik 12, **18**, 20, 25, 28, 31, 50
Arbeitsanweisung *s. Dienstanweisung*
Arbeitskreis
– AMEV 59, 68, 94, **247**
– in der Verwaltung 88, 110, **111**, 112, 113
Aufgaben 5, 11, 12, **33-70**, 71, 75, 87, 94, 95, 105, 109, 138, 142, 170, 175, 197
– Aufgabenbeschreibung f. den Energiebeauftragten 87, **88**
– Aufteilung innerhalb der Verwaltung **90 f**, 112, 120, 156, 159, 164
– Ausgliederung **93**, 183, 198
– Checkliste 110, **215 ff**
– Gemeinschaftsaufgabe **156 ff**

Befugnis *(s. auch Kompetenz)* **91**, 93, 119, 123, 159
Beratung 34, 55, 56, **60**, 120, 121, 143, 166, 197
Berichterstellung 34, 41, 65, 67, **68**, 72, 90, 124, 139, 147, 160, 169, 237
Betriebsführung von Anlagen 34, 50, **56 ff**, 75, 93
Betriebspersonal (Hausmeister) 10, 34, 42, 91
– Rolle 38, 50, 57, 59, **65 f**, 74, 92, **112**, 121, 123, 134, 144
– Beratung 56, **60**, 143
– Motivation **67**
– Schulung 18, 58, **65**, 121, 169

CO_2 *s. Emissionen*
Contracting 13, 122, 173, **179 ff**
– externes Contracting 168, **179 ff**, 189
– (stadt-) internes Contracting 167, 181, **187 ff**

Dienstanweisung 66, 87, 91, **92**, 110, 121, 128, 134, 234 ff

EDV-Einsatz 38, 45, **71 f**, 96, 110, 120, 132
Einführung des Energiemanagements 45, 72, 95, **109 ff**, 124, 139
Emissionen 8, 29, 150
– Emissionsberechnung 52, **82**, 89
– Emissonsfaktoren 83, 232
– Messung 83
– Kohlendioxid 29, **83**, **85**, 100, 157, 202
– Prozeßkette **83**
– Schadstoffgase 29, **83**, 102
Energie
– Endenergie **22**, 29, 85, 182
– Energieanwendung 36, **37**
– Energiebeschaffung 34, **60**, 72, 133, 142
– Energiebezugsflächen 43, **44**, 46, 49
– Energiedienstleistung **22 f**, 144, 159, 165, 174, 197
– Energiekennwerte *s. Kennwerte*
– Energieträger 22, **36**, 43, 84, 169
– Energieträgerwechsel 29

Sachwortverzeichnis 211

- Energieverbrauchskontrolle 34, **35 ff**, 56, 74, 93, 121, 128, 143, 197
- Heizenergie 7, **24 ff**, 39, 47, 111, 128, 134, 140, 142
- Nutzenergie **22 f**
- Nutzenergielieferung 173, **182 ff**
- Primärenergie 22
- Strom 8, **24 ff**, 36, 47, 76, 102, 122, 129, 148, 161, 175, 194

Energieagenturen 14, 43, 55, 66, 69, 73, 179, 186, **241 ff**
Energiebeauftragte(r) 12, 33, 69, **87**, 95, 110, 119 ff, 186
Energiebericht *s. Berichterstellung*
Energiedienst **143**
Energieversorgungsunternehmen 40, 60, 73, 75, 144, 179
Erfahrungsaustausch 34, 67, **69**, 123
Erfassungsformulare 74, **222 f**
Erfolgsbeteiligung *s. Motivation*

Feindiagnose von Gebäuden *s. Gebäude*
Fernübertragung v. Daten 38, 74, **145**
Finanzierung 13, 167, **171 ff**
- Planung 34, **55**, 105, 110, 164

Gebäude **6**
- Analyse 34, **42**
- Art *s. Nutzung*
- Begehung *(vgl. Grobdiagnose)* 50, 74, 135, **218 ff**
- Beispielgebäude **17 ff**
- Belegung *s. Nutzung*
- Dämmung **18 ff**, 25, 53, 96, 140, 194
- Feindiagnose 42, **50 f**
- Grobdiagnose 42, **50**, 110, 218 ff

- Prioritätenliste **52 f**
- Stammdaten **42 ff**

Grobdiagnose von Gebäuden *s. Gebäude*

Haushalt
- Budgetierung **165**
- Dezentrale Ressourcenverantwortung 159, 164, **165**
- Haushaltsentlastung **9, 10, 100 ff**, **122**, 125, 149
- Strukturen 10, 78, 103, **177 f**, 188
- Kameralistik **177 f**
- Vermögenshaushalt **177 f**
- Verwaltungshaushalt **177 f**, 179

Hausmeister *s. Betriebspersonal*
Heizgradtage **39 ff**, 229 f
Heizkostenverteiler **38**
Hochbauamt 10, 51, 54, 64, 89, 111, 119, 128, 133, 141, 181, 192

Kameralistik *s. Haushalt*
Kämmerei 12, 61, 89, 111, 190, 194
Kennwert 42, **46 ff**, 52, 72, 111
- Beispiele 146, 163, **231**
- Grenzkennwert 162
- Heizenergieverbrauchskennwert 47
- Stromverbrauchskennwert **47**
- Zielkennwert **49**

Kohlendioxid *s. Emissionen*
Kommunikation 12, 34, 45, **65 ff**, 72, 105, 111
Kompetenzen *(vgl. auch Befugnis)* 90, 91, 112, 123
Kontrolle **89**
Koordination 5, 12, **87 ff**, 111, 160

Kosten *(vgl. auch Personal- und Sachmitteleinsatz)*
- Einsparkosten *s. Wirtschaftlichkeit*
- Energieverbrauchskosten, einwohnerbezogen 9
- externe Kosten 77, **101**
- Kostengruppen 77, **174 f**, 200
- Kostensenkung *s. Haushaltsentlastung*
- Mehrkosten 26, **78**
- Vollkosten **174 ff**, 200
- Kosten techn. Maßnahmen 27, **224**

Management 10, **105**
- Energiemanagement **11**
- Management-Kreis 105

Maßnahmenkategorie 18
Meßgeräte *(s. auch Zähler)* 75 f, 96
Motivation 34, 95, 122, 123, 166, 178
- des Betriebspersonals **65 ff**
- der Energiebeauftragten 123
- der Nutzer **62 f**
- Erfolgsbeteiligung 63, 122

Nutzung (v. Gebäuden) 34, 36, 41, 62
- Nutzungsart **43**, 44
- Optimierung der Belegung **62**, 134

Organisation
- des Energiemanagements **87 ff**, 119 f, 142, 161 ff, 197 ff
- von Einsparmaßnahmen am Gebäude **18**

Outsourcing *s. Aufgabenausgliederung*

Personaleinsatz 63, 93, **94**, 110, 123, 128, 139, 142
Privatisierung 186, **197 ff**
Prozeßkette *s. Emissionen*

Raumtemperaturen 8, **58**, 76, 92, **236**
Regelungseinstellung 8, 21, 50, **57 f**, 66, 127, 134, 148

Sachmitteleinsatz 91, **94**, 110, 120, 132, 149, 187, 190
Sanierungsplanung 18, 34, 49, 51, **53 f**, 72, 134, 161, 167
- Ersatzzeitraum **54**

Schornsteinfegerprotokoll 75
Schulung
- Betriebspersonal 8, 18, **65 ff**, 111, 112, 121, 201
- Energiebeauftragter *(vgl. auch Erfahrungsaustausch)* 242 ff
- Nutzer 63
- Verwaltungsmitarbeiter 72

Software *s. EDV-Einsatz*
Stabstelle **90**
Stördienst **60**
Strom *s. Energie*

Umweltschutz *(vgl. auch Emissionen)* 7, **82 f**, **100 ff**, 107, 119, 156 ff, 201
- Klimaschutz (Treibhauseffekt) 29, 82 f, 85, 100, 107, 151
- lokal vs. global 102

Umweltamt 90, 111, 141, 156, 190

Verbrauchserfassung *s. Energie*
Verbrauchskontrolle *s. Energie*

Verwaltung
- Reform 65, 87, **153 ff**
- Struktur 65, 87, 95, 119

Volkswirtschaft *s. Kosten, externe*

Wasserverbrauch 37, 43, 92, 94, 97, 122, 129, 143

Weiterbildung *s. Schulung*

Wirtschaftlichkeit 9, 26 f, **77 f**, 101 ff
- Amortisationszeit 18, 53, 78, **79 ff**, 100 - 105
- Berechnung 72, **76 ff, 225 ff**
- Einsparkosten 26, 28, **80 ff**, 162

Witterungsbereinigung 39 f, 47, 72

Zähler 36 ff, 43, 74, 121, 145, 193

Zentrale Leittechnik 60, 72, 75, 146, 161

Ziele des Energiemanagements 12, **99 ff**
- Ableitung von Entscheidungskriterien 102
- Überprüfbarkeit 105
- Zielsetzung 100
- Zielkennwerte *s. Kennwerte*

Anhang: Arbeitshilfen

Auf den folgenden Seiten finden sich viele praktische Hilfen für die Einführung und den Alltag des Energiemanagements.

Zunächst kann die „Checkliste Energiemanagement" dabei helfen, eine Übersicht über die schon vorhandenen und die noch zu integrierenden Aktivitäten in der eigenen Verwaltung zu erhalten. Die „Begehungscheckliste" hilft dagegen bei der Grobdiagnose einzelner Gebäude. Erfassungsformulare für die Zählerstände für Wärme und Strom vereinfachen die Verbrauchserfassung.

Anschließend bieten die zusammengestellten Rechenverfahren, Umrechnungsfaktoren, Vergleichs- und Kennwerte Unterstützung für die Alltagsarbeit im Energiemanagement.

Anregungen für das Erstellen von Energieberichten und Dienstanweisungen schließen sich an.

Damit offene Fragen nicht ungeklärt bleiben müssen, sind abschließend weiterführende Literatur und Institutionen aufgelistet. Unter anderem werden die Ergebnisse einer aktuellen Umfrage unter den Energieagenturen der Bundesländer dargestellt, inwiefern von ihnen Unterstützung für das Energiemanagement öffentlicher Gebäude geboten wird.

Checkliste Energiemanagement

Anhand der „Checkliste Energiemanagement" können Sie eine (vereinfachte) Übersicht über die schon vorhandenen Aktivitäten zur systematischen Energieeinsparung in Ihrer Verwaltung erstellen. Die *Hinweise* deuten auf die Abschnitte im Buch hin, in denen Sie Informationen zu den jeweiligen Punkten erhalten. Mittels der ausgefüllten Checkliste lassen sich dann Folgerungen für die Weiterentwicklung des Energiemanagements ableiten. Noch nicht mit „ja" beantwortete Fragen sind noch zu bearbeiten. In Kap. 7 („Einführungsstrategie für das Energiemanagement") lassen sich Anhaltspunkte dafür finden, in welcher Reihenfolge hierbei vorgegangen werden sollte.

Stand des Energiemanagements in ....am ....

ja	nein	Themengebiet/Frage	Hinweis
		Zielsetzung	Kap. 6
O	O	Die Ziele des Energiemanagements wurden in Abstimmung mit der Verwaltungsleitung festgelegt?	
O	O	Aus den Zielen wurden Entscheidungskriterien abgeleitet?	
O	O	Die formulierten Ziele sind überprüfbar?	
		Organisation	Kap. 5
O	O	Es gibt eine zentrale Koordination der Aufgaben (Energiebeauftragten) ?	
O	O	Die Aufgabenverteilung des EM ist schriftlich festgehalten?	
O	O	Es gibt eine Dienst-/Arbeitsanweisung „Energie"?	
O	O	Die Personalausstattung ist ausreichend?	
O	O	Die Sachmittel für Energiesparmaßnahmen sind ausreichend?	
		Aufgabenbearbeitung	
		Verbrauchskontrolle	Kap. 3.1
O	O	Wird der Energieverbrauch monatlich erfaßt?	
O	O	Findet eine Witterungsbereinigung statt?	
O	O	Wird die Verbrauchsentwicklung regelmäßig ausgewertet?	
		Gebäudeanalysen	Kap. 3.2
O	O	Gibt es eine Gebäudedatei mit den wichtigsten energetischen Daten?	
O	O	Die Energiekennwerte der Gebäude liegen vor?	
......%		Grobdiagnosen wurden bei ....% der Gebäude durchgeführt.	
......%		Feindiagnosen liegen für .....% der Gebäude vor.	
		Planung von Einsparmaßnahmen	Kap. 3.3
O	O	Wurden Prioritätenlisten erstellt?	
O	O	In die Sanierungsplanung wurden Einsparmaßnahmen integriert?	
O	O	Die Finanzierung ist für alle wirtschaftlichen Maßnahmen geklärt?	
O	O	Die energetische Optimierung bei Neubauten ist gewährleistet?	
		Betriebsführung von Anlagen	Kap. 3.4
O	O	Das Betriebspersonal (Hausmeister) wird beraten u. kontrolliert?	
O	O	Die Regelungseinstellungen der Anlagen werden überprüft?	
O	O	Die Raumtemperaturen werden kontrolliert?	
O	O	Wartung und Instandhaltung von Anlagen wurde optimiert?	
O	O	Es werden Störungsprotokolle vor Ort geführt?	

Anhang: Arbeitshilfen 217

Fortsetzung „Checkliste Energiemanagement"

ja	nein	Themengebiet/Frage	Hinweis
		Aufgabenbearbeitung (Fortsetzung)	
		Energiebeschaffung	Kap. 3.5
O	O	Lieferverträge werden regelmäßig kontrolliert u. optimiert?	
O	O	Öl-/Kohleeinkäufe werden preisoptimiert durchgeführt?	
		Nutzungsoptimierung	Kap. 3.6
O	O	Die Gebäudebelegung wird regelmäßig geprüft u. verbessert?	
O	O	Die Gebäudenutzer sind motiviert und informiert?	
		Begleitung investiver Einsparmaßnahmen	Kap. 3.7
O	O	Planung u. Ausführung wird von geschultem Personal begleitet?	
O	O	Die Einsparerfolge werden kontrolliert?	
		Kommunikation	Kap. 3.8
O	O	Das Betriebspersonal (Hausmeister) wird regelmäßig geschult?	
O	O	Die Verwaltungsangestellten bilden sich technisch fort?	
O	O	Energieberichte liegen regelmäßig (jährlich) vor?	
O	O	Der Erfahrungsaustausch mit anderen Energiebeauftragten findet regelmäßig statt?	
		EDV-Einsatz	Kap. 4.1
		Die vorhandene EDV-Ausstattung unterstützt:	
O	O	die Verbrauchskontrolle	
O	O	den Energieeinkauf	
O	O	die Verwaltung der Gebäudedaten	
O	O	die Berichterstellung	
O	O	eine Energiebedarfsrechnung	
O	O	die Sanierungsplanung	
O	O	die Wirtschaftlichkeitsberechnung von Maßnahmen	
O	O	die Emissionsberechnung	
		Meßgeräteausstattung	Kap. 4.2
		Folgende Meßgeräte sind vorhanden:	
O	O	elektronisches Temperaturmeßgerät	
O	O	Luxmeter	
O	O	Thermograph	
O	O	Stromverbrauchsmeßgerät	
		Methoden	
		Die Verfahren und Rahmenbedingungen sind geklärt für:	
O	O	Wirtschaftlichkeitsberechnung	Kap. 4.3
O	O	Emissionsberechnung	Kap. 4.4

Begehungscheckliste für Grobdiagnose

In Anlehnung an die Prüflisten für die Betriebsüberwachung durch die Staatliche Bauverwaltung Nordrhein-Westfalen /NRW 1993/

*): Nichtzutreffendes streichen

Organisatorische Maßnahmen	Ankreuzen/Bemerkungen
Heizkörper durch Mobiliar verstellt	
Elektrische Zusatzheizgeräte nicht entfernt	
Unnötige Dauerlüftung über Fenster, Türen *)	
Raumtemperatur gemäß Dienstanweisung zu hoch	
Heizanlage in Nutzungspausen nicht außer Betrieb genommen	
Wassererwärmungsanlage in Nutzungspause nicht außer Betrieb genommen	
Heizanlage bei Überschreitung der Außentemperaturgrenzwerte nach Dienstanweisung nicht abgeschaltet	
Beheizung in untergeordneten, nicht genutzten Räumen nicht abgeschaltet, nicht eingeschränkt	
Bedienungseinheiten nicht vor Verstellung durch Unbefugte gesichert	
Warmwasserbedarf prüfen	
Beleuchtung in nicht genutzten Räumen eingeschaltet	
Beleuchtung bei ausreichendem Tageslicht eingeschaltet	

Anhang: Arbeitshilfen

Fortsetzung Begehungscheckliste

Lüftungs-, Klimaanlage ist ohne Erfordernis in Betrieb *)	
Bautechnische Mängel aus Sicht der Energieeinsparung	**Ankreuzen/Bemerkungen**
Windfangschleusen fehlen	
Eingangstüren undicht, schließen nicht selbsttätig *)	
Fenster undicht	
Fenster einfachverglast	
Wärmedämmung Heizkörpernischen fehlt, unzureichend *)	
Heizkörper vor Glas ohne (ausreichenden) Strahlungsschutz *)	
Wärmedämmung oberste Geschoßdecke fehlt, unzureichend *)	
Wärmedämmung Dach fehlt, unzureichend *)	
Wärmedämmung Kellerdecke fehlt, unzureichend *)	
Wärmedämmung Außenwände fehlt, unzureichend *)	
Wärmeerzeugung	**Ankreuzen/Bemerkungen**
Bedienungsanleitung, Anlagenschemata fehlen, unvollständig *)	
Umstellung Versorgungsart prüfen (Nachtstrom, Heizöl, Kohle) *)	

Fortsetzung Begehungscheckliste

Einsatz Abgaswärmetauscher prüfen	
Einsatz Brennwertkessel, Blockheizkraftwerk prüfen *)	
Wärmeerzeuger-Nennleistung zu groß	
Brenner u. Heizkessel nicht aufeinander abgestimmt	
Separate Wärmeerzeugung für besondere Verbraucher fehlt	
Wärmedämmung der Wärmeerzeugung schadhaft, unzureichend*)	
Kesselrücklauftemperaturanhebung fehlt, defekt, falsch eingestellt *)	
Kesselfolgeschaltung fehlt, defekt, falsch eingestellt *)	
Automatische, bedarfsgeregelte Leistungsanpassung der Mehrkesselanlage fehlt, defekt *)	
Zuluft, Abluftöffnung Heizungsraum zu klein, verstellt *)	
Meß- und Regeleinrichtungen	**Ankreuzen/Bemerkungen**
Regelung der Wärmeerzeuger ungeeignet, defekt *)	
Regelung der Wärmeerzeuger falsch eingestellt	
Kesselwassertemperatur nicht bedarfsgerecht eingestellt	
Thermometer f. Wärmeerzeuger fehlt, defekt *)	
Thermostatventile defekt	

Fortsetzung Begehungscheckliste

Betriebsstundenzähler fehlt, defekt *)	
Öldurchflußmesser, Ölstandanzeiger fehlt, defekt *)	
Wärmemengenzähler für gesonderte Erfassung, Abrechnung fehlt, defekt *)	
Unterzähler Strom für gesonderte Erfassung, Abrechnung fehlt, defekt *)	

Wärmeverteilung	**Ankreuzen/Bemerkungen**
Separate Heiz- und Regelkreise für besondere Wärmeverbraucher fehlen *)	
Nach Gebäudenutzung, Himmelsrichtung orientierte Heiz- und Regelkreise fehlen *)	
Wärmedämmung der Rohre, Armaturen fehlt, beschädigt, unzureichend *)	
Heizkreispumpen ohne automatische Regelung	
Heizanlage nicht entlüftet	
Armatur undicht, schwergängig *)	
Heizkörper nicht erforderlich, falsch angeordnet *)	
Beheizung des Windfangs nicht erforderlich	
Garagen unnötig beheizt	

Erfassungsformulare Zählerstände Wärme

Quelle: /Heidelberg 1994/

Monatlicher Energie- und Wasserverbrauchsnachweis für das Jahr ....
Stromzähler:

Zählernummer:					
Abnahmestelle:					
Faktor:					
Datum z.B. 01.01. 01.02.	Hochtarif (HT)		Niedertarif (NT)		Bemerkung
	Stand kWh	Verbrauch kWh	Stand kWh	Verbrauch kWh	
31.12.					
31.01.					
28/29.02.					
31.03.					
30.04.					
31.05.					
30.06.					
31.07.					
31.08.					
30.09.					
31.10.					
30.11.					
31.12.					
	Summe:		Summe:		
Zählerwechsel am:					
	alt		neu		
Nummer					
Konstante					
Stand HT					
Stand NT					

Erfassungsformulare Zählerstände Strom

Quelle: /Heidelberg 1994/

Monatlicher Energie- und Wasserverbrauchsnachweis für das Jahr .....
Wärme (Fernwärme, Heizöl, Gas, Kohle):

Zählernummer:		Konstante:	
Abnahmestelle:			
Datum z.B. 01.01.	Stand	Verbrauch	Bemerkung
31.12.			
31.01.			
28/29.02.			
31.03.			
30.04.			
31.05.			
30.06.			
31.07.			
31.08.			
30.09.			
31.10.			
30.11.			
31.12.			
	Summe:		

Zählerwechsel am:		
	alt	neu
Nummer		
Konstante		
Einheit		
Stand		

Brennstofflieferungen	
Datum	Menge

Einsparpotentiale und Kosten technischer Maßnahmen

In der folgenden Tabelle ist die Bandbreite der Einsparpotentiale sowie der spezifischen Kosten unterschiedlicher Maßnahmen aufgezeigt. Je nach Ausgangszustand und Qualität der durchgeführten Maßnahmen differieren die Angaben erheblich.

Mehrkosten sind die Kosten, die aufgrund der energetischen Optimierung der Maßnahme anfallen und nicht der Sanierung zuzurechnen sind (z.B. Mehrkosten der Thermohaut gegenüber Außenwandsanierung ohne Dämmung).

Maßnahme / Bereich	Energieeinsparung <%>	Gesamtkosten <DM/qm>	Mehrkosten <DM/qm>
Anlagentechnik			
Thermostatventile	4 - 8		
Niedertemperaturkessel (1)	10 - 20	120 - 200*	0 - 80*
Gasbrennwertkessel (2)	5 - 10	ca. 200*	
Moderne Regelung	3 - 15		
Gebäude			
Heizkörpernischendämmung	2 - 4	ca. 35	
Dämmung der Außenwände (3)	16 - 28	120 - 200	60 - 120
Dämmung der Außenwände (4)	10 - 20	30 - 60	
Wärmeschutzglas (5)	3 - 6		0 - 20
Dämmung des Dachbodens (6)	5 - 23	30 - 60	
Dämmung des Dachbodens (7)	5 - 23	50 - 80	30 - 70
Dämmung des Flachdaches (8)	5 - 23	150 - 200	
Dämmung der Kellerdecke	6 - 10	40 - 80	

* = <DM/kW>

1: gegenüber einem ca. 20 Jahre alten Heizkessel
2: gegenüber einem neuen Niedertemperaturkessel
3: Thermohautsystem
4: nachträgliche Kerndämmung zweischaliger Außenwände
5: Wärmeschutzglas mit k-Wert Glas: 1,3 W/(m²*K) gegenüber Standard-Wärmeschutzglas mit k-Wert Glas: 1,8 W/(m²*K)
6: nicht begehbar
7: begehbar
8: Ausführung als Warmdach: Dämmung verstärken mit neuer Feuchtigkeitsabdichtung

Wirtschaftlichkeitsberechnung mit Beispielen

Vergleich der Einsparkosten mit dem Energiepreis

In Kapitel 4.3 wurde empfohlen, im Rahmen einer Wirtschaftlichkeitsbetrachtung die Einsparkosten[1] zu berechnen und diese mit dem zukünftigen mittleren Energiepreis über die rechnerische Nutzungsdauer zu vergleichen. Die Einsparkosten ergeben sich durch Division der mittleren jährlichen Kapitalkosten der Investition durch die jährlich erwartete Energieeinsparung.

Die Formeln hierzu sind im folgenden abgedruckt. Sie sind dem Hessischen Leitfaden für energiebewußte Gebäudeplanung /HMUE 1995/ entnommen.

Berechnung des mittleren Energiepreises

$$P_n = P_0 \cdot a \cdot \frac{1+s}{p-s} \cdot \left(1 - \left(\frac{1+s}{1+p}\right)^n\right)$$

mit:

P_n = mittlerer Energiepreis <DM/kWh> über n Jahre

P_0 = heutiger Energiepreis <DM/kWh>

a = Annuitätenfaktor = $\dfrac{p}{1-(1+p)^{-n}}$

p = jährlicher Zinssatz

s = jährliche Preissteigerungsrate des Energieträgers

n = Betrachtungszeitraum <Jahre>

Beispiel: Bei einem aktuellen Energiepreis für Heizöl von 4,5 Pfennig/kWh, einem jährlichen (realen) Zinssatz von 4,5%, einer jährlichen (realen) Preissteigerungsrate von 3,4% für Heizöl ergibt sich ein mittlerer Energiepreis von 5,8 Pfennig/kWh über 15 Jahre bzw. von 6,6 Pfennig/kWh über 25 Jahre.

---

[1] Genauer: Einsparpreis = Kosten der Einsparmaßnahme pro Energieeinheit

Berechnung der mittleren jährlichen Kapitalkosten der Investition

$$Ki_m = I \cdot b$$

mit:

Ki_m = mittlere jährliche Kapitalkosten <DM>
I = Barwert der Investition <DM>
b = Annuitätenfaktor = $\dfrac{q}{1 - (1 + q)^{-m}}$
q = jährlicher Zinssatz
m = Nutzungsdauer <Jahre>

Beispiel: Werden heute 20.000 DM für eine Investition (Barwert der Investition) eingesetzt, so ergeben sich bei einem jährlichen (realen) Zinssatz von 4,5% mittlere jährliche Kapitalkosten von 1.862 DM bzw. von 1.349 DM bei einer angenommen rechnerischen Nutzungsdauer von 15 bzw. 25 Jahren.

Beispiel Einsteinschule

Die wirtschaftlichen Rahmenbedingung der in Kapitel 2 vorgeschlagenen Maßnahmen an der Einsteinschule sind in folgender Tabelle abgedruckt. Am Beispiel der Flachdachdämmung werden die einzelnen Spalten erläutert (siehe auch Fußnoten in der Tabelle). Die Investitionsmehrkosten der Flachdachdämmung betragen 70.000 DM. Über die rechnerische Nutzungsdauer von 25 Jahren betrachtet ergeben sich dadurch mittlere jährliche Kapitalkosten von 4.721 DM (realer Zinssatz von 4,5%). Werden diese durch die jährliche Energieeinsparung von 78.000 kWh geteilt, ergeben sich Einsparkosten von 6,1 Pfennig pro kWh. Als Vergleich zu den Einsparkosten wird der mittlere Energiepreis über die nächsten 25 Jahre (in diesem Fall für Erdgas) von 6,5 Pfennig/kWh herangezogen. Die Maßnahme ist also wirtschaflich. Die statische Amortisationszeit (Investitionsmehrkosten geteilt durch Kosteneinsparung im 1. Jahr) beträgt 18 Jahre und liegt damit unter der Nutzungsdauer von 25 Jahren.

Alle anderen Maßnahmen wurden analog berechnet.

Einsteinschule
Wirtschaftlichkeitsbetrachtung der Maßnahmen

Maßnahmen-bereiche	Maßn.-kürzel	Stichwort	Investitions-mehrkosten [DM]	Mittlere jährliche Kosten /1/ [DM]	Jährliche energieeinsparung [kWh/a]	Kosteneinsparung im 1. Jahr /2/ [DM/a]	Nutzungsdauer [a]	Mittlere Energiekosten /3/ [Pfg/kWh]	Einsparkosten /4/ [Pfg/kWh]	Statische Amortisationszeit /5/ [a]
Maßnahmen im Bereich Heizenergie										
Organisation	M1-M3	Nutzverhalten	-	-	90000	4050	15	5,8 / 6,0	-	-
Anlagentechnik	M5,M6	Gasbrennwertkessel	20000	1862	120000	6000	15	5,8 / 6,0	1,6	3
Gebäude	M9	Flachdachdämmung	70000	4721	78000	3900	25	6,6 / 6,5	6,1	18
Gebäude	M10	Außenwanddämmung	80000	5395	102000	5100	25	6,6 / 6,5	5,3	16
Maßnahmen im Strombereich										
Organisation	M4	Nutzverhalten	-	-	4500	1575	15	39,0	-	-
Anlagentechnik	M7	Heizungspumpen	1000	93	2000	700	15	39,0	4,7	1
Anlagentechnik	M8	Beleuchtung	15000	1397	16000	5600	15	39,0	8,7	3

Annahme: Realer Sollzins = 4,5 %; Preissteigerung Strom=1,5%; Gas=2,4%; Öl=3,4%;
/1/ Mittlere jährliche Kapitalkosten der Investition (einschließlich Zinsen => Anhang Wirtschaftlichkeit)
/2/ gerechnet mit 4,5 Pfg/kWh für Heizöl, 5 Pfg/kWh für Erdgas und 35 Pfg/kWh für Strom
/3/ Mittlere Energiekosten über die Nutzungsdauer (linker Wert für Heizöl, rechter für Erdgas)
/4/ Mittlere jährliche Kapitalkosten der Investition geteilt durch jährliche Energieeinsparung
/5/ Investitionsmehrkosten geteilt durch Kosteneinsparung im 1. Jahr

Heizwerte

Mengenangaben und Heizwerte (Quelle: /VDI 1994/)

Energieträger	Mengeneinheit	Heizwert (Energieinhalt)
Heizöl EL	l	10 kWh/l
Schweres Heizöl	kg	10,9 kWh/kg
Erdgas H	m^3	ca. 10 kWh/m^3 *)
	m^3	(ca. 11 kWh/m^3 **)
Erdgas L	m^3	ca. 9 kWh/m^3 *)
Stadtgas	m^3	ca. 4,5 kWh/m^3 *)
Flüssiggas	kg	ca. 13,0 kWh/kg *)
Koks	kg	ca. 8,0 kWh/kg *)
Braunkohle	kg	ca. 5,5 kWh/kg *)
Dampf	kg	ca 0,7 kWh/kg *)
Heizwasser	kWh	1,0 kWh/kWh
	GJ	280 kWh/GJ
Elektrische Energie	kWh	1,0 kWh/kWh

*) Die genauen Werte sind beim Lieferanten einzuholen.

) Brennwert (Der Brennwert berücksichtigt die Kondensationswärme des im Gas enthalten Wasseranteils. Frühere Bezeichnung: *oberer* Heizwert. Die Gasversorger geben den Heizwert an. **Eine Umrechnung auf den Heizwert ist für einen direkten Vergleich mit den Heizwertangaben der anderen Energieträger unbedingt nötig! Auch für die Berechnung der Emissionen mittels der Emissionsfaktoren muß vom Heizwert des Gases und nicht vom Brennwert ausgegangen werden.)

Witterungsbereinigung

An dieser Stelle wird das Prinzip der Witterungsbereinigung mittels der Heizgradtage erläutert (vgl. Kap. 3.1.2) und in einem Exkurs der Unterschied zum Verfahren mittels der Gradtagzahlen vorgestellt.

Witterungsbereinigung mittels der Heizgradtage (nach VDI Richtlinie 3807)

„Die Heizgradtage G_{15} sind die Summe der Differenzen zwischen der Heizgrenztemperatur von 15°C und den Tagesmitteln der Außentemperatur über alle Kalendertage mit einer Tagesmitteltemperatur unter 15°C:" (VDI-Richtlinie 3807, Blatt 1, S. 5 /VDI 1994/).

Beispielsweise ergibt sich an einem Tag mit einer Tagesmitteltemperatur von 3 Grad Celsius ein Heizgradtag von 12 Grad[2] Kelvin. Somit sind die Heizgradtage ein Maß für die durchschnittlichen Temperaturen während eines bestimmten Zeitraums (Monat, Jahr, etc.). Je höher die Heizgradtage sind, desto kälter war es im betrachteten Zeitraum.

Mittels der in der folgenden Berechnungsformel gezeigten **Witterungsbereinigung** wird der ermittelte jährliche Brennstoffverbrauch auf ein lokales „Standardjahr" bezogen, das auf einer langjährigen Mittelung beruht[3].

Berechnungsformel zur Witterungsbereinigung:

$$E_V(1990) = E_{V_g}(1990) * \frac{G_{15m}}{G_{15}(1990)}$$

mit:

$E_V(1990)$ = witterungsbereinigter Heizenergieverbrauch des Gebäudes im Jahr 1990 in kWh

---

[2] Diesmal Grad Kelvin. Die Differenz von Grad Celsius wird in Grad Kelvin angegeben.
[3] Solche Bereinigungen sind auch für andere Zeiträume möglich (z.B. Monate).

E_{Vg} (1990) = gemessener Heizenergieverbrauch des Gebäudes im Jahr 1990 in kWh

G_{15m} = langj. Mittel der Heizgradtage am Ort des Gebäudes in Kd[4]

G_{15} (1990) = Heizgradtage des Jahres 1990 am Ort des Gebäudes in Kd

Wenn Raumheizung und Warmwasserbereitung über ein gekoppeltes Heizungssystem erfolgen, darf nur der Energieverbrauch, der der Raumheizung zuzuordnen ist, witterungsbereinigt werden. In der Praxis sind anfangs genaue Werte über den Verbrauchsanteil für die Warmwasserbereitung nicht bekannt. Dieser muß dann zunächst abgeschätzt werden.

Exkurs: Witterungsbereinigung mittels Gradtagzahlen

Ein anderes Verfahren der Witterungsbereinigung, über die sogenannten **Gradtagzahlen statt über die Heizgradtage**, ist bisher viel häufiger im Einsatz. Das liegt darin begründet, daß es in einer älteren VDI-Richtlinie beschrieben war und sich seitdem praktisch zum Standard entwickelte (VDI Richtlinie 2067: „Berechnung der Kosten von Wärmeversorgungsanlagen", /VDI 1985/). Das Berechnungsschema funktioniert völlig analog wie oben gezeigt.

Bei den Gradtagzahlen wird auch die Heizgrenztemperatur von 15°C zugrundegelegt. Allerdings werden die Gradtage dann aus der Differenz von 20°C (statt 15°C) zum Tagesmittel der Außentemperatur gebildet. Gegenüber den Heizgradtagen kommt es daher zu höheren Werten.

Mit den Heizgradtagen lassen sich jedoch häufiger plausible Ergebnisse als mit den Gradtagzahlen erreichen, da die Wärmegewinne durch Sonneneinstrahlung und innere Wärmequellen (Personen und Geräte) bei den Heizgradtagen besser berücksichtigt werden.

Bei bekannten Gradtagzahlen können die Heizgradtage mittels einer in der VDI-Richtlinie 3807 angegebenen Gleichung berechnet werden /VDI 1994/.

---

[4] Kelvin*days

Energieverbrauchskennwerte

Zur Einordnung der Energiekennzahlen eigener Gebäude werden hier Vergleichswerte präsentiert. Sie stammen aus einer bundesweiten Umfrage, in der Anfang der neunziger Jahre die Daten von 7.340 Gebäuden nach der Methode der VDI-Richtlinie 3807 Blatt 1 /VDI 1994/ ermittelt und ausgewertet wurden /AGES 1996/[5].

Heizenergieverbrauchskennwerte	
Gebäudeart	**Mittelwert***
Alten-/Pflegeheim	173
Feuerwehrgebäude	145
Hallenbad **	3762
Kindergarten	125
Kindertagheim	117
Schulgebäude	117
Turnhallen	157
Verwaltungsgebäude	118
Stromverbrauchskennwerte	
Gebäudeart	**Mittelwert**
Alten-/Pflegeheim	29
Feuerwehrgebäude	11
Hallenbad **	891
Kindergarten	10
Kindertagheim	13
Schulgebäude	13
Turnhallen	18
Verwaltungsgebäude	27

Alle Energieverbrauchskennwerte in kWh/(m²a).
*Heizenergieverbrauchskennwerte witterungsbereinigt bezogen auf die Heizgradtage G_{15m} 2524 (langjähriges Mittel der Heizgradtage von Würzburg).
**Die Werte für Hallenbäder sind auf die Beckenoberfläche bezogen.

---

[5] Dort läßt sich für eine vertiefte Betrachtung auch eine sehr viel differenziertere Darstellung finden.

Emissionsberechnung

Im Kapitel 4.4 wurden allgemeine Grundlagen für die Emissionsberechnung erörtert. In diesem Anhang sind die spezifischen Emissionsfaktoren verschiedener Energieumwandlungssysteme aufgelistet. Berücksichtigt sind die gängigsten Schadstoffe wie Schwefeldioxid (SO_2), Stickoxide (NO_X) und Staub sowie die klimarelevanten Stoffe als reine **CO_2-Emissionen (fett gedruckt)** und der CO_2-Emissionen einschließlich Methan (CH_4) und Lachgas (N_2O) als $CO_{2äqui}$.

Die Werte wurden mit GEMIS 2.1 errechnet. Sie beziehen sich hier auf Endenergie. Die absoluten Jahresemissionen ergeben sich dann aus der Multiplikation der jährlich benötigten Endenergie mit dem jeweiligen spezifischen Emissionsfaktor. Für Fern- und Nahwärme können pauschal keine Werte angegeben werden. Hier muß eine gesonderte Betrachtung der Verhältnisse vor Ort (Kraftwerkstypen, Energieträgermix etc.) erfolgen.

Die hier angegebenen Werte sind natürlich Durchschnittswerte, die in der Realität auch abweichen können. Besonders bei den Schadstoffgasen (z.B. bei NO_X) hat die eingesetzte Heizungstechnik einen großen Einfluß. Die Kohlendioxidemissionen sind dagegen vor allem von dem eingesetzten Energieträger abhängig.

Spezifische Emissionsfaktoren verschiedener Energieumwandlungssysteme bezogen auf Endenergie

	SO_2 g/MWh	NO_X g/MWh	Staub g/MWh	**CO_2** kg/MWh	$CO_{2äqui}$ kg/MWh
Braunkohlenbrikettofen	2.887	488	1.600	**650**	681
Braunkohleheizwerk	316	634	71	**436**	448
Steinkohlekessel	946	560	58	**355**	380
Heizölkessel	457	223	15	**299**	301
Erdgaskessel	12	156	3	**211**	224
Strommix-BRD	*512*	*837*	*82*	***712***	*739*

Berechnungsbeispiel: Ein 20 Jahre alter Heizölkessel soll erneuert werden. Durch Einbau eines neuen Niedertemperaturölkessels verringert sich der Endenergieverbrauch des Gebäudes von 500 auf 450 MWh. Die absoluten Emissionen vermindern sich z.B. bei CO_2 von 150 auf 135 Tonnen pro Jahr (500 bzw. 450 MWh*299 kg CO_2 pro MWh).

Wird der Heizölkessel durch einen Niedertemperaturgaskessel ersetzt, so verringert sich der Endenergieverbrauch des Gebäudes ebenfalls von 500 auf 450 MWh. Die absoluten Emissionen vermindern sich allerdings stärker. Von 150 sinken sie auf 95 Tonnen pro Jahr (500 MWh*299 kg CO_2 pro MWh bzw. 450 MWh*211 kg CO_2 pro MWh). Die CO_2-Minderung von 37% resultiert zum einen aus der Verbesserung des Jahresnutzungsgrades (-10%), zum anderen (-27%) aus den niedrigeren spezifischen CO_2-Emissionen von Erdgas gegenüber Heizöl.

Eine noch höhere Verringerung der CO_2-Emissionen von 42% erhält man durch Einbau eines Gasbrennwertkessels, da aufgrund des besseren Jahresnutzungsgrades der Endenergieverbrauch weiter sinkt (500 MWh*299 kg CO_2 pro MWh bzw. 410 MWh*211 kg CO_2 pro MWh).

Analog dazu können auch die anderen absoluten Emissionen errechnet werden.

Dienstanweisung Energie, Inhaltsverzeichnis

Quelle: /Heidelberg 1994/

Inhaltsverzeichnis

Einleitung

1. **Geltungsbereich**
2. **Heizungsanlage**
   - 2.1 Bestandteile
   - 2.2 Heizbetrieb
     - 2.2.1 Betriebsarten
     - 2.2.2 Beginn und Ende des Heizbetriebes
   - 2.3 Belegung
   - 2.4 Raumtemperaturen
   - 2.5 Elektrische Zuheizgeräte
   - 2.6 Lüften von Räumen
   - 2.7 Bedienen von Heizungsanlagen
     - 2.7.1 Wärmeerzeugungsanlagen
     - 2.7.2 Vorlauftemperaturregelung
     - 2.7.3 Thermostatische Heizkörperventile
     - 2.7.4 Überwachung von Vor- und Rücklauftemperatur
     - 2.7.5 Bedienen von Heizungsanlagen außerhalb des Heizbetriebes
3. **Anlagen zur Trinkwassererwärmung**
4. **Raumlufttechnische Anlagen**
5. **Elektrische Anlagen**
   - 5.1 Beleuchtung
   - 5.2 Umwälzpumpen

Dienstanweisung Energie, Inhaltsverzeichnis (Fortsetzung)

6. **Sanitäre Anlagen**
   - 6.1 Allgemeines
   - 6.2 Trinkwasser und erwärmtes Wasser
   - 6.3 Wasseraufbereitungsanlagen
   - 6.4 Abwasseranlagen

7. **Erfassung und Überwachung des Energie- und Wasserverbrauchs**
   - 7.1 Allgemeines
   - 7.2 Energieverbrauch
     - 7.2.1 Heiztagebuch
     - 7.2.2 Verbrauchsnachweis
     - 7.2.3 Vereinfachter Verbrauchsnachweis
   - 7.3. Wasser- und Stromverbrauch
   - 7.4 Jährliche Verbrauchsmeldung
   - 7.5 Jährliche Kostenmeldung
   - 7.6 Jahresenergiebericht für kommunale Einrichtungen

8. **Wartung**
   - 8.1 Überwachung von Fremdwartung
   - 8.2 Emissionsüberwachung

9. **Störungsprotokolle**

   Anlagen (Erfassungsformulare, Temperaturvorgaben etc.)

Vorgaben für Raumtemperaturen

Quelle: /Heidelberg 1994/

Zulässige Raumtemperaturen in Grad Celsius	Gebäude												
Räume	Verwaltungsgebäude	Schulgebäude	Büchereien	Jugendheime	Jugendtagesstätten	Sportstätten	Sport- und Turnhallen	Werkstätten	Bauhöfe	Straßenmeistereien	Theater	Museen	Versammlungshallen
Büroräume, Unterrichtsräume, Aulen, Sitzungssäle, Aufenthaltsräume, Leseräume - während der Nutzung	20	20	20	20	20	20		20	20	20	20	20	20
Toiletten, Schlafräume Büchermagazine	15	15	15	15	15	15		15	15	15	15	15	15
Nebenräume, Magazin	10	10	10	10	10	10		10	10	10	10	10	10
Material- und Geräteräume, Fahrzeughallen	5	5	5	5	5	5		5	5	5	5	5	5
Wasch- und Duschräume, Umkleideräume, Garderoben	22	22	22	22	22	22		22	22	22	22	22	22
Arbeitsräume und Werkstätten - körperliche Tätigkeit - nicht sitzende Tätigkeit - sitzende Tätigkeit								12 17 20					
Werkräume von Schulen	18	18											
Sporthallen							17						
Gymnastikräume, Aufsichtsräume, Erste-Hilfe-Räume							17						
Flure und Treppenhäuser - bei zeitweiligem Aufenthalt	12 15						12	10					
Zuschauerraum Proberäume, Foyer, Ausstellungsräume											20	18	

Inhaltsverzeichnis Energiebericht

Vorschlag für das Inhaltsverzeichnis eines Energieberichtes:

Einleitung
Zusammenfassung (Kurzfassung)
Verbrauchs- und Kostenentwicklung seit Beginn des Energiemanagements
  Entwicklung Gebäudebestand, Witterung, Energiepreise
  jeweils für Heizenergie, Strom (und evtl. Wasser):
    Energieverbrauch und -einsparung,
    Energiekennwerte
    Kosten, Kosteneinsparung

  Vergleich: Kosten EM und Energiekosteneinsparung

Emissionsentwicklung

Tätigkeiten und Maßnahmen des Energiemanagements
  Entwicklung des Personalbestandes
    und Aufgabenbereiches im EM
  Durchgeführte Maßnahmen
    Übersicht (Gebäude, Art der Maßnahmen, Kosten, Auswirkungen)
    Ausgewählte Beispiele

Ausblick und Planung
  Allgemeine Ziele
  Einzelne Maßnahmen

Anhang
  Pressespiegel
  Liste bisher erschienener Energieberichte

Weiterführende Literatur

Allgemeines zum Energiemanagement und zur Energieeinsparung

Fachinformationszentrum Karlsruhe [BINE, Bürgerinformation Neue Energietechniken, ...] (Hrsg.):
Rationelle Energieverwendung in öffentlichen Gebäuden: Kommunales Energiemanagement, 2. Aufl., Köln 1991

Forum für Zukunftsenergien e.V. (Hrsg.):
Der Energieberater. Handbuch für rationelle und umweltfreundliche Energienutzung unter Berücksichtigung der Nutzung erneuerbarer Energien, Köln 1994

Betriebsführung

Arbeitskreis Maschinen- und Elektrotechnik staatlicher und kommunaler Verwaltungen (AMEV) (Hrsg.):
Wartung 85 - Vertragsmuster für Wartung, Inspektion und damit verbundenen kleinen Instandsetzungsarbeiten für technische Anlagen und Einrichtungen in öffentlichen Gebäuden, Bonn 1985; (Bezugsquelle: Druckerei Bernhard GmbH, Wermelskirchen)

Arbeitskreis Maschinen- und Elektrotechnik staatlicher und kommunaler Verwaltungen (AMEV) (Hrsg.):
Instandhaltung 90, Vertragsmuster für Instandhaltung (Wartung, Inspektion, Instandsetzung) von technischen Anlagen und Einrichtungen in öffentlichen Gebäuden, Bonn 1990

Motivation und Schulung der Nutzer

Unabhängiges Institut für Umweltfragen (UfU) (Hrsg.):
Energiesparen an Schulen, Tagungsreader zum gleichnamigen UTECH-Seminar 1996, Berlin 1996

Kombinierte Energiespar- und Beschäftigungsprojekte (KEBAB) (Hrsg.):
Planungsleitfaden für Energiesparaktionen mit Mitarbeiterinnen und Mitarbeitern in öffentlichen Verwaltungsgebäuden, Berlin (erscheint voraussichtlich Mitte 1996)

Planung und Gebäudeanalysen („Technik")

Verein deutscher Ingenieure (VDI) (Hrsg.):
VDI-Richtlinie 2067, **Berechnung der Kosten von Wärmeversorgungsanlagen,** Berlin 1985

Verein deutscher Ingenieure (VDI) (Hrsg.):
VDI-Richtlinie 3807, **Energieverbrauchskennwerte für Gebäude,** Berlin 1994

Hessisches Ministerium für Umwelt, Energie, Jugend, Familie u. Gesundheit (Hrsg.):
Heizenergie im Hochbau, Leitfaden für energiebewußte Gebäudeplanung, 5. Aufl., Wiesbaden 1995

Hessisches Ministerium für Umwelt, Energie u. Bundesangelegenheiten (Hrsg.):
Elektrische Energie im Hochbau, Leitfaden Elektrische Energie, Wiesbaden 1995

Hessisches Ministerium für Umwelt, Energie u. Bundesangelegenheiten (Hrsg.):
Modelluntersuchungen zur Stromeinsparung in kommunalen Gebäuden, Zusammenfassender Endbericht, Wiesbaden 1994

Forum für Zukunftsenergien (Hrsg.):
Kraft-Wärme-Kopplung, Ein Leitfaden für Städte und Gemeinden, Gewerbe und Industrie, Bonn 1995

Finanzierung

Institut für kommunale Wirtschaft und Umweltplanung (IKU) (Hrsg.):
Finanzierung und Wirtschaftlichkeit von Energiesparmaßnahmen, Seminar-Reader April 1994, Wiesbaden 1994

Arbeitsgemeinschaft für sparsamen und umweltfreundlichen Energieverbrauch e.V. (ASUE) (Hrsg.):
Wärmelieferung – Beispiele, Grundlagen, Praxis-Hinweise für eine Energiedienstleistung, Hamburg, Best-Nr.: 100392

Sendner, Helmut (Hrsg.):
Dienstleistung Energie: Contracting, Outsourcing, Partnering, Herrsching 1995

Fachinformationszentrum Karlsruhe (Hrsg.):
Förderfibel Energie: Öffentliche Finanzhilfen für den Einsatz erneuerbarer Energiequellen und die rationelle Energieverwendung, 4. Aufl., Köln 1995.

Energieagenturen

In vielen Bundesländern wurden in den letzten Jahren landesnahe Energieagenturen gegründet. Sie haben den Auftrag, innovative Lösungen zum effizienten Energieeinsatz zu fördern. Im Vordergrund stehen dabei Beratungen und die Durchführung von Modellprojekten. Viele dieser Agenturen bieten auch Unterstützung für das Energiemanagement an. Da die Agenturen zumeist finanziell durch die Bundesländer mit getragen werden, können sie ihre Leistungen teilweise kostenlos oder kostengünstig anbieten. So werden beispielsweise Beratungsgespräche in begrenztem Umfang ohne Rechnungsstellung durchgeführt oder Software für das Energiemanagement unter bestimmten Bedingungen zur Verfügung gestellt. Zudem kann man dort vielfach Informationen über weitere Hilfestellungen durch das jeweilige Bundesland erhalten, zum Beispiel über Förderprogramme.

Diese Aussagen gelten jedoch nicht für alle Energieagenturen gleichermaßen. Die Gründungsgeschichte führte in jedem Land zu anderen Agentur-Konstruktionen. Das betrifft Rechtsform, Beteiligung weiterer Institutionen wie Banken und Energieversorger sowie die Zielsetzungen im einzelnen. Aus diesem Grund wurde von den Herausgebern dieses Buches eine Umfrage bei den Agenturen durchgeführt, welche Angebote zum Energiemanagement jeweils vorliegen. Die Ergebnisse werden auf den folgenden Seiten dargestellt, soweit uns Antworten auf die Umfrage von den Agenturen vorlagen.

Es muß angemerkt werden, daß diese Darstellung nur eine erste Übersicht bieten kann und soll, die den Stand zum November 1998 repräsentiert. Eine detaillierte Beschreibung der kompletten Angebotspalette würde ein eigenes Buch füllen. Zudem sind die Leistungen der Agenturen teilweise einer starken Dynamik unterworfen, die u.a. in der Aktualität des Themas begründet ist. Deshalb empfiehlt sich in jedem Fall eine Anfrage bei den Agenturen. Die Anschriften sowie die Ansprechpartner für Fragen des Energiemanagements sind hier ebenfalls zusammengestellt.

Kennziffer:	1	2	3	4	5	6	7	8	9	10	11	12
Sitz der Energieagentur	Baden-Württemberg	Berlin	Brandenburg	Bremen	Hessen	Mecklenburg-Vorpommern	Niedersachsen	Nordrhein-Westfalen	Rheinland-Pfalz	Saarland	Sachsen-Anhalt	Schleswig-Holstein
Bietet Ihre Institution eine Beratung zu folgenden Themen an?												
Einführungsstrategien des EM	kp	kp	kl	kp	kl	kp	kp	kl	kp	kp	kp	kl
Personaleinsatz	kp	kp	kl	kp	kl	-	-	kl	-	kl	kp	kl
Softwareeinsatz	kp	kp	kl	kp	kl	-	kp	kl	kl	kp	n	kl
Datenerfassung	kp	kp	kl	-	kl	kp	kp	kl	kp	kl	kp	kl
Finanzierungsfragen	kp	kp	kl	n	kl	-	kp	kl	kp	kp	kp	kl
Schulungen	kp	kp	kl	kl	kl	-	kp	kl	kp	-	kp	kl
Gebäudeanalysen	kp	kp	kl	kp	kl	kp	kp	kl	kp	kp	kp	kl
Meßgeräteeinsatz	n	kp	kl	kp	kl	kp	kp	kl	-	-	n	kl
Wer organisiert in Ihrem Bundesland einen regelmäßigen Erfahrungsaustausch für Energiebeauftragte:												
Energieagentur	j	n	j	n	n	j	n	n	n	n	n	j
sonstige Institutionen (s. Anm.)	j	j	n	n	j	j	j	n	-	n	n	n

j = ja; n = nein; kl = ja, kostenlos; kp = ja, kostenpflichtig; - = keine Angaben

Anhang: Arbeitshilfen

Kennziffer:		1	2	3	4	5	6	7	8	9	10	11	12
Bieten Sie Schulungen an für:													
Energiebeauftragte		n	j	j	j	j	n	j	j	j	n	n	j
Hausmeister		j	j	j	j	n	n	j	j	j	n	n	n
zu den Themen:	Organisation des EM	j	j	j	j	j	n	j	j	j	n	n	j
	Gebäudetechnik	j	j	j	j	j	n	j	j	j	n	n	j
	Heizungstechnik	j	j	j	j	j	n	j	j	j	n	n	j
	EDV	j	j	j	-	j	n	j	j	j	n	n	j
Gibt es in Ihrem Bundesland finanzielle Unterstützung zu folgenden Punkten?													
Personal	ABM-Kräfte	j	j	j	n	n	j	n	j	n	j	n	n
	Stellen-Zuschüsse	n	j	-	n	n	n	n	j	n	-	n	n
Software	Programme	n	-	n	j	n	n	n	n	n	-	j	n
	Schulungen	n	-	n	j	n	n	n	n	n	-	n	n
techn. Maßnahmen an Gebäuden	Wärme	n	j	j	j	j	j	j	j	j	j	n	j
	Strom	n	j	j	j	j	n	n	j	j	n	n	j

j = ja; n = nein; kl = ja, kostenlos; kp = ja, kostenpflichtig; - = keine Angaben

Ergebnisse der Umfrage bei Energieagenturen der Länder:
Unterstützung für das Energiemanagement im Bundesland (Stand: November 1998)
(Anmerkungen s. folgende Seite)

Ergänzende Anmerkungen zur vorigen Tabelle:

Baden-Württemberg:
Ansprechpartner für finanzielle Förderung:
    ABM-Kräfte: Klimaschutz- und Energieagentur, Karlsruhe
    Technische Maßnahmen: Landesgewerbeamt Baden-Württemberg, Stuttgart

Berlin:
Beratung: Einstiegsberatung kostenfrei
    Finanzielle Unterstützung: Investitionsbank Berlin und deren Ansprechpartner
    (Technologiestiftung Berlin, Arbeitsämter)
Contracting: Berliner Energieagentur GmbH

Brandenburg:
Beratung: Einstiegsberatung kostenlos, Vertiefung kostenpflichtig
Ansprechpartner für finanzielle Förderung technischer Einsparmaßnahmen:
    Minist. f. Wirtschaft, Mittelstand u. Technik des Landes Brandenburg, Potsdam; Minist. f. Stadtentwicklung, Wohnen u. Verkehr des Landes Brandenburg, Potsdam; Minist. f. Umwelt, Naturschutz u. Raumordnung des Landes Brandenburg, Potsdam

Bremen:
Weitere unabhängige Beratungsinstitutionen: Bremer Energie-Institut,
    Bremer Energie-Konsens GmbH

Hessen:
Beratung: Kostenlose Initialberatung für die hessischen Gebietskörperschaften in allen
    Belangen der kommunalen Energienutzung: Hessen-ENERGIE
Erfahrungsaustausch für Energiebeauftragte: Koordination durch das Hess. Ministerium für
    Umwelt, Energie, Jugend, Familie u. Gesundheit (HMUEJFG), Wiesbaden
    (Ansprechpartnerin: Fr. Purper);
Erfahrungsaustausch für Hausmeister: Begleitung durch Hessen-ENERGIE, Wiesbaden
Ansprechpartner für finanzielle Unterstützung:
    EDV und technische Maßnahmen: Hess. Minist. f. Umwelt, Energie, ...
    (HMUEJFG), Wiesbaden;
    Modellhafte Investitionsprojekte: Hessen-ENERGIE, Wiesbaden
Speziell entwickelte Energiemanagement-Software incl. Unterstützung (AKROPOLIS-
    Hessen): Hess. Minist. f. Umwelt, Energie, ... (HMUEJFG), Wiesbaden
    (Ansprechpartnerin: Fr. Purper)

Niedersachsen:
Erfahrungsaustausch für Energiebeauftragte: Kommunale Umwelt-Aktion (UAN), Hannover
Ansprechpartner für finanzielle Unterstützung:
   Technische Maßnahmen: kommunale Energieversorgungsunternehmen

Nordrhein-Westfalen:
Beratung: nur Initialberatung
Ansprechpartner für finanzielle Unterstützung:
   ABM-Kräfte und Stellenzuschüsse: Arbeitsämter;
   Technische Maßnahmen: Ministerium f. Wirtschaft, Düsseldorf
   (REN-Förderprogramm);
   Weitere Förderprogramme: Energieagentur NRW, Wuppertal
   (REN-Demonstrations- und REN-Breitenförderung)

Rheinland-Pfalz:
Beratung: Erstberatung kostenlos
Ansprechpartner für Kontaktadressen aus einer Datenbank je nach Fragestellung und Sitz des Nachfragers

Saarland:
Beratung: Einstiegsberatung kostenlos; Vertiefung kostenpflichtig
Ansprechpartner für finanzielle Unterstützung:
   ABM-Kräfte: Arbeitsämter;
   Technische Maßnahmen: Ministerium f. Umwelt, Energie u. Verkehr, Saarbrücken (Zukunftsenergieprogramm);
   Weitere Finanzierungshilfen (z.B. Contracting): Saarländische Energie-Agentur, Saarbrücken

Schleswig-Holstein:
Beratung: Erst- und Zweitberatung kostenlos; danach kostenpflichtig
Schulung für Energiebeauftragte auch zu den Themen: Stromeinsparung, Kraft-Wärme-Kopplung, Nah-/Fernwärme (Energieagentur Schleswig-Holstein, Kiel)
Speziell entwickelte Energiemanagement-Software incl. Unterstützung: Energieagentur Schleswig-Holstein, Kiel (Hr. Eimannsberger)

Sachsen-Anhalt:
Ansprechpartner für Fördermöglichkeiten des Landes und Contracting-Maßnahmen
Technische Maßnahmen: kommunales Energiemanagement (ESA)

Anschriften und Ansprechpartner der Energieagenturen
(ohne Anspruch auf Vollständigkeit)

Klimaschutz- und Energieagentur Baden-Württemberg GmbH
Griesbachstraße 10
76185 Karlsruhe
Tel.: 0721 / 98 47 10
Ansprechpartner:
Hr. Dr. Jank, Hr. Lohse

Berliner Energieagentur GmbH
Rudolfstraße 9
10245 Berlin
Tel.: 030 / 29 33 30-0
Ansprechpartner/in:
Hr. M. Geißler
Fr. A.-Cl. Agricola

Brandenburgische Energiespar-Agentur
Feuerbachstraße 24-25
14471 Potsdam
Tel.: 0331 / 96 45 02
Ansprechpartner:
Hr. Dr. Wagener-Lohse

Energieleitstelle Bremen
Hanseatenhof 5
28195 Bremen
Tel.: 0421 / 3 61- 1 06 01
Ansprechpartner
Hr. Eichhorn

Hessen-Energie GmbH
Mainzer-Straße 98-102
65189 Wiesbaden
0611 / 7 46 23-0
Ansprechpartner:
Hr. R. Lamsbach

Energieagentur Mecklenburg-Vorpommern GmbH
Postfach 01 04 54
19004 Schwerin
Tel.: 0385 / 59 09 10
Ansprechpartner:
Hr. Dreyer

Niedersächsische Energie-Agentur GmbH
Rühmkorffstraße 1
30163 Hannover
Tel.: 0511 / 96 52 90
Ansprechpartner:
Hr. St. Kohler

Energieagentur Nordrhein-Westfalen
Morianstraße 32
42103 Wuppertal
Tel.: 0202 / 2 45 52-0
Ansprechpartner:
Hr. Marx

EffizienzOffensive Energie Rheinland-Pfalz e.V.
Merkurstraße 45
67663 Kaiserslautern
Tel.: 0631 / 3 50-30 20
Ansprechpartnerin:
Fr. Feidt

Saarländische Energie-Agentur GmbH
Altenkesseler Straße 17
66115 Saarbrücken
Tel.: 0681 / 97 62-170
Ansprechpartner:
Hr. Dr. Brand

**Energieagentur
Sachsen-Anhalt GmbH**
Universitätsplatz 10
39104 Magdeburg
Tel.: 0391 / 7 37 72-0
Ansprechpartner:
Hr. Zscherpe

**Investitionsbank Schleswig-Holstein
Energieagentur**
Fleethörn 29-31
24103 Kiel
Tel.: 0431 / 900-3660
Ansprechpartner:
Hr. H. Eimannsberger

Weitere ausgewählte Institutionen

Information

BINE
Bürger-Information
Neue Energietechniken
Mechenstr. 57
53129 Bonn

Deutscher Wetterdienst,
Wetteramt Essen
Wallneyer Str. 10
45133 Essen

Erfahrungsaustausch und Information

AMEV
Arbeitskreis Maschinen- und Elektrotechnik staatlicher und kommunaler Verwaltungen,
Geschäftsstelle im Bundesministerium für Raumordnung, Bauwesen und Städtebau,
Deichmanns Aue 31-37
53179 Bonn

Beratung

ifeu-Institut für Energie- und Umweltforschung Heidelberg GmbH
Wilckensstr. 3
69120 Heidelberg

Kombinierte Energiespar- und Beschäftigungsprojekte (KEBAB) gGmbH
Cuvrystr. 35
10997 Berlin

Kommunale Umweltaktion (U.A.N.)
Arnswaldtstr. 28
30159 Hannover

Landesgewerbeamt Stuttgart
Willi-Bleicher-Str. 19
70174 Stuttgart

Fortbildung

Technische Universität Berlin
Weiterbildungsprogramm
Energieberatung und -management
Sekretariat MB 2
Müller-Breslau-Str. 12
10623 Berlin

Wind- und Solarstrom im Kraftwerksverbund

Möglichkeiten und Grenzen

Entscheidungsträger aus Energiewirtschaft und -politik, Wissenschaftler, Ingenieure und Studenten aus Maschinenbau und Energietechnik sowie energiepolitisch interessierte Laien finden hier kompetente technische und wirtschaftliche Informationen zur erfolgreichen und spürbaren Nutzung der regenerativen Energiequellen Wind und Sonne.

Eine jederzeit sichere und kostengünstige Stromversorgung ist für das reibungslose Funktionieren unserer hochtechnisierten Gesellschaft unverzichtbar. Soll dies möglichst umweltschonend geschehen, ist eine verstärkte Nutzung der erneuerbaren Energieträger Wind und Sonne zur Stromgewinnung dringend geboten. Die Charakteristika, Potentiale, Umweltaspekte und Realisierungsmöglichkeiten dieser zukunftsträchtigen Technologien werden in dieser Neuerscheinung aufgezeigt.

Darüberhinaus werden Lösungsansätze für die großtechnische Einbindung von Wind- und Solarstrom in das derzeitige Stromerzeugungs- und -versorgungssystem geboten, die den Erfordernissen des Wirtschaftsstandortes und denen des Umweltschutzes gleichermaßen Rechnung tragen. Dabei werden die verschiedenen Umsetzungs- und Entwicklungsmöglichkeiten, aber auch die Folgen und Schwierigkeiten dieser Einbindung beleuchtet.

FAX-BESTELLCOUPON

Bitte liefern Sie mir/uns durch:

☐ Expl. Kaltschmitt/Fischedick,
Wind- und Solarstrom im Kraftwerksverbund
1995. X, 300 Seiten. Broschiert.
DM 62,–   öS 453,–   sFr 62,–
ISBN 3-7880-7524-4

☐ Expl. **kostenloses Literaturverzeichnis Energie- und Umwelttechnik**

Name

Straße/Postfach

PLZ/Ort

Datum

Unterschrift

C.F. Müller Verlag, Hüthig GmbH
Im Weiher 10, D-69121 Heidelberg, Tel. 0 62 21/4 89-0
Fax 0 62 21/4 89-4 50, Internet http://www.huethig.de

Das ganze Know-how in einem einzigen Nachschlagewerk
Praxis Kraft-Wärme-Kopplung

Als Investor, Berater, Planer, Hersteller oder Betreiber von Kraft-Wärme-Kopplungs-Anlagen brauchen Sie stets zuverlässige aktuelle Informationen.

Gewußt wie!
Von der ersten Vorplanung über das Genehmigungsverfahren, die technische Ausführung, die Vertragsgestaltung bis hin zur Finanzierung sind eine Vielzahl von Fragen und komplexen Aufgaben zu lösen.
Dieses von einem engagierten und qualifizierten Autorenteam zusammengestellte Nachschlagewerk unterstützt Sie und Ihre Mitarbeiter.

Immer aktuell!
Gesetzgebung und rechtliche Vorschriften ändern sich permanent. Die technische Entwicklung schreitet immer schneller

voran. Planungsabläufe werden optimiert, Genehmigungsverfahren modifiziert, neue Fördermittel gewährt. Deshalb ist es äußerst wichtig, eine aktuelle Informationsbasis für Entscheidungen und Investitionen zu haben. Mit unserem Aktualisierungsservice sind Sie in Sachen Kraft-Wärme-Kopplung immer auf dem neuesten Wissensstand.

FAX-BESTELLCOUPON

Bitte liefern Sie mir/uns durch:

Expl. W. Suttor (Hrsg.),
Praxis Kraft-Wärme-Kopplung
Loseblattwerk in 3 Ordnern mit derzeit rd.
3.100 Seiten. Jährlich 5 Ergänzungslieferungen.
ISBN 3-7880-7446-9

☐ zum Vorzugspreis von DM 478,– bei einem Fortsetzungsbezug von mindestens einem Jahr

  Nach Ablauf des ersten Bezugsjahres kann ich die Lieferung jederzeit beenden, indem ich Sie benachrichtige oder eine Lieferung an Sie zurücksende.

☐ zum Apartpreis von DM 658,– ohne Aktualisierungsservice

Name

Straße/Postfach

PLZ/Ort

Datum/Unterschrift

C.F. Müller Verlag, Hüthig GmbH
Im Weiher 10, D-69121 Heidelberg, Tel. 0 62 21/4 89-0
Fax 0 62 21/4 89-4 50, Internet http://www.huethig.de

C.F. Müller
Hüthig